集成光电子器件制造学教学案例

郑　煜　段吉安　编著

科学出版社

北　京

内 容 简 介

集成光电子器件以集成光电子技术为基础，采用与集成电路（Integrated Circuit，IC）制造工艺完全兼容的工艺制造而成，具有光处理与传输功能的器件，是实现大容量、高速率信息传输的关键。"集成光电子器件制造学"是介绍支撑及引导光电子发展的基础学科，本书是其配套学习教材，以案例示教，重在实操，巩固理论学习和加深理解。本书共三篇13个案例，第1篇主要介绍典型无源和有源光电子器件/芯片的设计及其优化，包括平面光波导设计及优化、平面光波导分路器芯片设计及优化、波分复用/解复用芯片和可调光衰减器设计及优化；第2篇主要介绍集成光电子器件的制造技术，包括二氧化硅光子集成技术、绝缘衬上硅光子集成技术、磷化铟光子集成技术和绝缘衬上铌酸锂薄膜光子集成技术；第3篇主要介绍集成光电子器件封装、测试与可靠性，包括光波导芯片与光纤端面耦合封装、硅光子芯片与光纤垂直耦合封装、半导体激光器芯片与光纤耦合封装、硅基光电子器件异质集成、无源光电子器件可靠性测试。

本书可作为光电子相关专业的大学本科生及研究生"集成光电子器件制造学"课程的配套教材使用，也可作为参考教材独立使用，亦可供相关专业研究人员、工程技术人员参考。

图书在版编目（CIP）数据

集成光电子器件制造学教学案例 / 郑煜，段吉安编著. —北京：科学出版社，2024.6
ISBN 978-7-03-077486-6

Ⅰ. ①集… Ⅱ. ①郑… ②段… Ⅲ. ①集成光学-光电子学-电子器件-生产工艺-教案（教育）-高等学校 Ⅳ. ①TN201

中国国家版本馆 CIP 数据核字（2024）第 011216 号

责任编辑：赵敬伟 赵 颖 / 责任校对：杨聪敏
责任印制：张 伟 / 封面设计：无极书装

科学出版社 出版
北京东黄城根北街 16 号
邮政编码：100717
http://www.sciencep.com

北京九州迅驰传媒文化有限公司印刷
科学出版社发行 各地新华书店经销

*

2024 年 6 月第 一 版 开本：720×1000 1/16
2024 年 6 月第一次印刷 印张：16 3/4
字数：335 000
定价：118.00元
（如有印装质量问题，我社负责调换）

前　言

　　2006 年劳动节假期后的第一天突然收到恩师李圣怡教授的短信，"速来实验室一趟"，当时我是国防科技大学一年级硕士生，恩师是少将，之前见面的次数不多，第一次收到恩师的短信，甚是忐忑。来到实验室后恩师先是问我最近生活怎么样，是否已经适应了国防科技大学的学习和生活。待我心情平复之后，恩师喊来一位年轻的教员，"嗯，以后跟着小吴老师做保偏光纤耦合器吧！"自此，我一脚就踏入了光电子器件制造这个领域了，说实在的，当时是真懵，保偏光纤耦合器是什么，我还真不知道。恩师的研究方向是超精密制造和微纳制造，来了国防科技大学之后就一直在了解恩师的研究方向。后来才知道这个课题是中南大学的钟掘院士联合恩师一起申请的国家自然科学基金委员会的首个光电子制造方面的重点基金项目。机缘巧合，我从国防科技大学硕士毕业之后就来到了中南大学继续攻读博士学位，师从段吉安教授，段老师是钟院士负责的那个项目的责任人。

　　此后就一直从事光电子器件制造方面的研究了，也包括本科生和硕士、博士研究生教学。2012 年之前段老师带领我们团队主要从事光电子器件封装制造理论、技术与封装装备方面的课题研究，器件包括平面光波导分路器、阵列波导光栅、同轴型半导体激光器、蝶型半导体激光器等器件的封装制造。2012年之后，在段老师的建议下，我开始介入无源集成光电子芯片设计与制造方面的研究，经过十多年的沉淀，小有所成，设计开发的多款集成光电子芯片已批量用于中国移动、中国电信等运营商的光纤通信网络中。在此期间，段老师带领我们在学院开设了"光电子器件学"、"集成光电子器件制造学"等面向本科生、硕士研究生及博士研究生的课程。我们的专业背景是机械工程，光电子器件制造对我们来说是跨专业的，所以与之相关的教学和研究生培养，我们深感吃力，一直没有一个很好的办法来解决。一次偶然的机会，段老师提议用案例的方法来培养硕士、博士研究生，经过多次的尝试，发现案例示教确实很有益处，器件原理掌握之后，随即开展该器件的结构设计与优化，更进一步加深对器件原理的理解，另一方面还可以迅速掌握设计工具的使用，缩短研究生进入课题研究的时间。

本书在编写过程中参阅和引用了国内外许多相关文献资料，在此，向所有原作者表示感谢，包括课题组已毕业的各位硕士、博士研究生。

特别地，在此向领我进入光电子器件制造领域的恩师李圣怡将军教授表示感谢。

集成光电子器件发展很快，几乎每天都有新的进展，作者思维难免跟不上发展形势、考虑不周全；再者，限于作者学术水平和写作能力，书中难免有不当之处，敬请指正。

2022 年 12 月于中南大学

目　　录

第1篇

光电子器件/芯片设计及优化

半导体行业细分为集成电路、光电子、分立器件以及传感器，其中光电子器件占整个半导体产业的比例在 7%～10% 之间。光电子器件是光通信行业的核心，具有光信号发射、接受、信号处理功能。光电子器件包括半导体激光器、光探测器、光调制器、光开关、平面光波导分路器、阵列波导光栅等。

光电子器件可根据功能不同划分为有源器件和无源器件。有源器件主要用于光电信号转换，包括激光器、光调制器、光探测器和集成器件等。无源器件用于满足光传输环节的其他功能，包括光连接器、光隔离器、光分路器、光滤波器、光开关等。整体而言，光器件细分领域繁多，不同类型的光器件实现了光信号的产生、调制、探测、连接、波长复用和解复用、光路转换、信号放大、光电转换等功能，是光通信的基础保障，其分类详见表 1.0.1。

表 1.0.1　光电子器件分类

类别	简介
发送接收器件	作用：发送器件需确保电光信号转换准确性，调制器件在组合形式、强度等方面对光信号进行处理，提高传输效率。光探测器件完整捕捉光信号并准确转换成电信号。 细分种类：光调制器件、光发送器件、光接收器件、光收发器件、光电探测器件。
波分复用器件	作用：承担光信号过滤、光波峰值调节、光信号整合等工作。其中，阵列波导光栅可将性质相近的光波经整合会聚于单一光纤进行传输。 细分种类：薄膜滤波器、全息光栅、光环行器、阵列波导光栅、光交错复用器等。
增益放大器件	作用：优化光信号。 细分种类：光放大器、光隔离器、分路耦合器、光衰减器、增益平衡器等。
开关交换器件	作用：负责光信号隔离、过滤、连接等工作。 细分种类：光开关、光交叉连接器、波长变换器、可调滤波器、可调激光器等。
系统管理器件	作用：全面检测光信号传输过程，通过色散补偿等技术维护光信号传输准确性。 细分种类：光性能监控管理器件、色散补偿器、偏振膜色散管理模块等。

本篇涉及光电子器件的基本结构和四个典型光电子器件/芯片，基本结构是平面光波导，是构成光电子器件的基石，四个典型光电子器件是平面光波导分路器芯片、波分复用/解复用芯片和可调光衰减器，分别介绍其工作原理、性能指标和设计优化过程，让学生了解和掌握典型光纤通信器件/芯片的设计规则、流程和方法。

案例 1.1 平面光波导设计及优化

光波导是约束并导引光在其内部或表面附近沿轴向传输的媒介，是光纤通信器件的基石，构成光波导的三要素：①芯包层结构，②芯包层存在折射率差，③低传输损耗。自 1966 年高锟提出"以光代替电流、以玻璃纤维取代铜线传输电信讯号"的大胆构想到现在，光纤通信技术已经走过了近 60 年，并取得了非凡的成就，光纤通信器件从分立元器件向集成器件发展，从单一功能器件向多功能器件发展，对光波导的材料、结构与性能的要求在不断发展和变化。

平面光波导是采用半导体制造工艺在衬底材料上制造出来的，是约束并导引光的传输的媒介，是二维的，是构成集成光子的基本单元，截面一般为矩形、脊形等，包括直波导、弯曲波导。材料包括铌酸锂（$LiNbO_3$）、绝缘衬上硅（SOI）、二氧化硅/氮化硅（SiO_2/SiN_x）、光学玻璃、聚合物以及 III-V 族化合物半导体材料等。

本案例主要是针对平面光波导的材料选择、结构设计、仿真设计原理展开，让学生掌握光波导的工作原理和设计方法。

1.1.1 光波导及其应用

光波导是光学系统小型化、集成化和固体化需求的产物。光波导的起源最早可追溯到 1910 年德国 Hondros 和 Debye 对电介质棒的研究，1962 年美国的 Yariv 从 PN 结中观测到平板层中的光波导现象，1963 年 Nelson 等发现了光波导电光调制现象，1964 年 Osterberg 与 Smith 开始光波导耦合实验，1965 年美国的 Anderson 开始用光刻的方法制作光波导，1969 年田炳耕提出棱镜耦合器，1970 年 Dakss 研制成功光栅耦合器。此后开始了各种功能光波导器件的研究，如光源、调制器、耦合器、探测器、波分复用器、光谱分析仪、光开关、光波长转换器等。

根据对光的限制维度，光波导可分为一维光波导、二维光波导以及三维光波导。根据光波导形状可分为条形光波导、平板光波导和柱形光波导。条形光波导又可分为脊形光波导、嵌入式光波导、埋入式光波导；平板光波导，也即薄膜光波导；柱形光波导，也即光纤。根据传输的模式数量，光波导可分为单模光波导和多模光波导。根据折射率分布，可分为阶跃折射率型光波导和渐变折射率型光波导。根据光波导芯层材料，又可分为二氧化硅光波导（掺杂二氧化锗（GeO_2）、二氧化钛（TiO_2）、五氧化二磷（P_2O_5）等）、氮化硅（含氮氧化硅）光波导、硅光波导、磷化铟光波导、铌酸锂光波导、聚合物等（图1.1.1）。

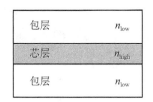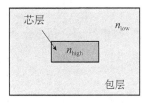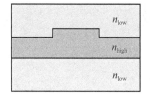

图 1.1.1　平板、埋入式和脊形光波导

光波导技术的应用非常广泛，包括信息获取（传感）、信息传输、信息处理以及其他。本案例中主要关注的是光波导在信息传输和处理方面的应用，也即在光纤通信领域中的应用，作为集成光学/光子器件的基本要素，等同于集成电路中的电路要素，实现光信号的传输和处理。

1.1.2　光束传播法

分析和研究光波导的理论主要有几何光学理论和波导光学理论。当光波导特征尺寸远大于光波波长 λ_0 时，可近似认为 $\lambda_0 \to 0$，从而可将光波近似看成由一根一根光线构成，因此可采用几何光学理论来分析光线的入射、传播以及时延和光强分布等特性。当光波导特征尺寸与光波波长 λ_0 在同一数量级或者小于 λ_0 时，几何光学理论不能够解释诸如模式分布、包层模、模式耦合等现象，且几何光学理论分析结果存在很大的误差，一般采用波导光学理论来分析。波导光学理论是一种更为严格的分析方法，在于：①从光波的本质特性——电磁波出发，通过求解电磁波遵从的麦克斯韦方程组，导出电磁场的分布，具有理论上的严谨性；②未作任何前提近似，因此适合各种形状和折射率分布的光波导。

对于光波导而言，严格意义上求解麦克斯韦方程组是很困难的，虽然可以得到精度很高的解，但费时费力。一般而言，当光波导特征尺寸与光波波长 λ_0

在同一数量级时，且光波导折射率只沿传播方向缓慢变化，对于单色波可将麦克斯韦方程组进行简化，得到矢量或标量亥姆霍兹（Helmholtz）方程，然后离散化后求解可得到光场（电磁场）的分布，即为光束传播法（Beam Propagation Method，BPM）。当光波导特征尺寸小于光波波长 λ_0 时，一般采用时域有限差分法（FDTD）求解，后面有案例会详细介绍。本案例重点介绍 BPM。

BPM 可以精确快速地仿真计算光波导的场分布，广泛应用于平面光波导器件的设计及优化。光束传播法根据算法的不同可以分为快速傅里叶转换光束传播法（FFT-BPM）、有限元光束传播法（FE-BPM）、有限差分光束传播法（FD-BPM）；根据偏振属性的不同可以分为标量、半矢量、全矢量三种形式；根据光束的传播方向和波导方向的夹角大小可以分为傍轴近似 BPM 和广角近似 BPM。本案例主要讨论傍轴近似标量 BPM，本案例的仿真模拟计算也是建立在此方法之上。

FD-BPM 的原理是将波导横截面分成很多小方格，在每一个小方格内的场用差分方程表示，加入边界条件，就可以得到整个横截面的场分布。根据前一个或几个截面上的已知场分布得到下一个截面上的场分布，最后得到整个波导中的场分布。FD-BPM 来源于亥姆霍兹方程：

$$\frac{\partial^2 \phi}{\partial x^2} + \frac{\partial^2 \phi}{\partial y^2} + \frac{\partial^2 \phi}{\partial z^2} + k_0^2 n^2 \phi = 0 \tag{1.1.1}$$

式中 ϕ 为电场或磁场分量进行时空分离后的空间部分，n 为波导的空间折射率分布，x、y 为波导横截面方向坐标，z 为光在波导中的传播方向。设 $\phi = E \cdot \exp(-ik_0 n_r z)$，$n_r$ 为参考常数，代入亥姆霍兹方程，可得到

$$2ik_0 n_r \frac{\partial E}{\partial z} = \frac{\partial^2 E}{\partial x^2} + \frac{\partial^2 E}{\partial y^2} + \frac{\partial^2 E}{\partial z^2} + k_0^2 (n^2 - n_r^2) E \tag{1.1.2}$$

在傍轴近似下，$\dfrac{\partial^2 E}{\partial z^2} \ll 2ik_0 n_r \dfrac{\partial E}{\partial z}$，代入上式可得到

$$2ik_0 n_r \frac{\partial E}{\partial z} = \frac{\partial^2 E}{\partial x^2} + \frac{\partial^2 E}{\partial y^2} + k_0^2 (n^2 - n_r^2) E \tag{1.1.3}$$

考虑二维情况，$\dfrac{\partial^2 E}{\partial x^2} = 0$，则得到

$$2ik_0 n_r \frac{\partial E}{\partial z} = \frac{\partial^2 E}{\partial y^2} + k_0^2 (n^2 - n_r^2) E \tag{1.1.4}$$

接着对场进行离散化处理，即在 y 和 z 方向上对波导划分网格，可以得到以下两个方程

$$2\mathrm{i}k_0n_r\frac{E_p^{q+1}-E_p^q}{\Delta z}=\frac{E_{p+1}^q-2E_p^q+E_{p-1}^q}{(\Delta y)^2}+k_0^2[(n_p^q)^2-n_r^2]E_p^q \qquad (1.1.5)$$

$$2\mathrm{i}k_0n_r\frac{E_p^{q+1}-E_p^q}{\Delta z}=\frac{E_{p+1}^{q+1}-2E_p^{q+1}+E_{p-1}^{q+1}}{(\Delta y)^2}+k_0^2[(n_p^{q+1})^2-n_r^2]E_p^{q+1} \qquad (1.1.6)$$

式中 p、q 分别代表在 y 和 z 方向上的离散点。通过综合式，可以得到

$$-E_{p-1}^{q+1}+aE_p^{q+1}-E_{p+1}^{q+1}=E_{p-1}^q+bE_p^q+E_{p+1}^q \qquad (1.1.7)$$

其中

$$a=2-(\Delta x)^2[(n_p^{q+1})^2-n_r^2]k_0^2+\frac{4}{\Delta z}(\Delta x)^2\mathrm{i}k_0n_r \qquad (1.1.8)$$

$$b=-2+(\Delta x)^2[(n_p^q)^2-n_r^2]k_0^2+\frac{4}{\Delta z}(\Delta x)^2\mathrm{i}k_0n_r \qquad (1.1.9)$$

式（1.1.9）即为二维傍轴标量 FD-BPM 的求解公式，结合初始条件和边界条件即可求解。

1.1.3 模式与单模波导条件

1. 模式

光波导的模式对应于一种光场（电磁波）分布状态，是光波导结构的固有电磁属性表征。光波导中存在两种模式，即辐射模和导模，辐射模可分为衬底辐射模、包层辐射模等。在理想光波导中，导模与导模、辐射模与辐射模、导模和辐射模是相互正交的，这是波导模式的正交特性。

光波导模式求解的方法主要包括马卡梯里法（Marcatili Method）、有效折射率法（Effective Index Method，EIM）、有限元法等，其中有效折射率法是在马卡梯里法的基础上进行更简易和精度更高的求解方法。本案例对有效折射率法进行分析与应用，分析时需做出三个假设：一是矩形波导中的传输模式远离截止；二是波导为单模波导，只进行单模传输；三是满足弱导条件，即包层与芯层折射率相差不大，相对折射率差 $\Delta\ll1$。

有效折射率法则是将矩形波导的三维结构等效为两个二维结构，以便进行简易计算。图 1.1.2 是对矩形波导进行区域划分，其中边角区域（阴影部分）光传输功率极小，可被忽略，并将矩形光波导等效为两个平板光波导的组合，第一个平板波导的高度与矩形波导的高度一样，并在宽度方向不受限制，折射率分布与矩形波导高度方向的折射率分布一样，有效折射率为 n_s；第二个平板波导的宽度与矩形波导的宽度一样，并在厚度方向不受限制，折射率分布与矩形

波导宽度方向的折射率分布一样，其芯层折射率则为第一个平板波导的有效折射率 n_s，其有效折射率为 n_c，即为矩形波导中模式的折射率。两个平板波导的计算顺序对结果影响不大，可被忽略。此外，E_{mn}^x 导模和 E_{mn}^y 在两个平板波导中的偏振态是存在差异的。对于 E_{mn}^x 导模，在第一个 x 方向平板波导中等效于 TE 模，在第二个 y 方向平板波导中等效于 TM 模；而 E_{mn}^y 则相反，在第一个 x 方向平板波导中等效于 TM 模，在第二个 y 方向平板波导中等效于 TE 模。

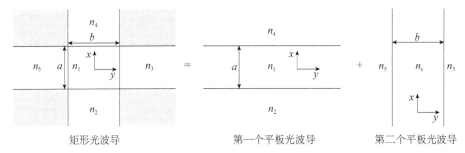

图 1.1.2　矩形光波导等效结构示意图

对于第一个平板波导，由于其 y 方向不受限制，因此只需考虑其 x 方向的光场分布。对于 E_{mn}^x 导模而言，根据标量亥姆霍兹方程可得出一个平板波导解为

$$
E_x = \begin{cases}
A\exp\left[-\sqrt{\beta^2 - k_0^2 n_3^2}\left(x - \dfrac{a}{2}\right)\right], & x > \dfrac{a}{2} \\[2mm]
B\cos\left(\sqrt{k_0^2 n_1^2 - \beta^2}\,x\right), & |x| \leqslant \dfrac{a}{2} \\[2mm]
C\exp\left[\sqrt{\beta^2 - k_0^2 n_2^2}\,x\right], & x < -\dfrac{a}{2}
\end{cases}
\tag{1.1.10}
$$

根据电场和磁场对应的边界条件，即 $x=\pm a/2$ 边界处切向分量 E_x 和 H_z 连续，可求出 E_{mn}^x 导模在第一个平板波导中的特征方程为

$$
\left(n_1^2 - n_s^2\right)^{1/2} k_0 a = m\pi + 2\mathrm{arc}\tan\left[\left(\frac{n_s^2 - n_2^2}{n_1^2 - n_s^2}\right)^{1/2}\right]
\tag{1.1.11}
$$

式中 $n_s = \beta/k_0$，$m=0,1,2,3,\cdots$ 称为 x 方向的导模序数，其中当 $m=0$ 时为单模情况。

将计算出的第一个平板波导的有效折射率 n_s 代替第二个平板波导的芯层折射率，可求出 E_{mn}^x 导模在第二个平板波导中的特征方程为

$$
\left(n_s^2 - n_c^2\right)^{1/2} k_0 a = m\pi + 2\mathrm{arc}\tan\left[\left(\frac{n_c^2 - n_2^2}{n_s^2 - n_c^2}\right)^{1/2} \times \frac{n_1^2}{n_2^2}\right]
\tag{1.1.12}
$$

式中 $n_s=\beta_1/k_0$，$m=0,1,2,3,\cdots$ 称为 x 方向的导模序数，当 $m=0$ 时为单模情况。由式（1.1.12）求出的 n_c 为第二个平板波导的有效折射率，也为矩形波导的有效折射率，其中 β_1 为矩形波导的传播常数。

同理，根据以上推导方法，即可求出 E_{mn}^y 导模在两个平板波导中的特征方程，从而求出矩形波导的有效折射率和传播常数。相应的矩形波导的场分布即 E_x 和 H_x 等也可被求解出。

2. 模式耦合

当两个光波导靠得较近时，由于模式瞬逝场的作用，在光波导之间产生能量的交换，这种现象就称为耦合。在光波导导模和导模之间、导模和辐射模之间以及辐射模和辐射模之间都可以相互转换和耦合。模式耦合应用非常广泛，是很多器件的工作原理，如阵列波导光栅、模斑转换器等。

当两个光波导靠得较近时，如图 1.1.3 所示，瞬逝场的作用使得两光波导中的光场分布因受到模式之间的耦合而受到微扰，在弱耦合条件下，可认为光波导中的光场只沿着传播方向变化，且为两个光波导的线性叠加，即

$$E = A_a(z)E_a + A_b(z)E_b \qquad (1.1.13)$$

$$H = A_a(z)H_a + A_b(z)H_b \qquad (1.1.14)$$

式中 E_a、E_b、H_a、H_b 分别为光波导 a、b 中未受到微扰时的场强分布，$A_a(z)$、$A_b(z)$ 表示相应场的振幅，它们仅是 z 的函数。在弱耦合条件下，两光波导之间的弱耦合方程为

$$\frac{dA_a(z)}{dz} = -iK_{ab}A_b(z)e^{-i(\beta_b-\beta_a)} \qquad (1.1.15)$$

$$\frac{dA_b(z)}{dz} = -iK_{ba}A_a(z)e^{+i(\beta_b-\beta_a)} \qquad (1.1.16)$$

β_a、β_b 的传播方向与 z 轴方向一致为正，反之为负；K_{ab}、K_{ba} 为耦合系数。

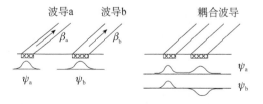

图 1.1.3　两光波导耦合结构

设光波导的介电常数为 $\varepsilon + \Delta\varepsilon = \varepsilon(x,y) + \Delta\varepsilon(x,y,z)$，沿 z 轴传输的功率为

$$P = \frac{1}{4} \iint \left[\boldsymbol{E} \times \boldsymbol{H}^* + \boldsymbol{E}^* \times \boldsymbol{H} \right]_z \mathrm{d}x\mathrm{d}y \tag{1.1.17}$$

在 $\varepsilon \gg \Delta\varepsilon$ 的近似条件下，耦合系数近似为

$$K_{\mu\nu}(z) = \frac{\omega\varepsilon_0}{4P} \iint E_\mu^*(x,y) \Delta\varepsilon E_\nu(x,y) \mathrm{d}x\mathrm{d}y \tag{1.1.18}$$

3. 单模波导条件

集成光学中，设计光波导时通常首先考虑其单模条件，也即只支持一个模式的传输，通常称为基模。高阶模的传输损耗一般而言会比基模大很多，在很短的传输距离上就会衰减至零。集成光学器件/芯片中常见的是矩形光波导和脊形光波导，如图 1.1.4 所示。矩形光波导材料体系多为 SiO_2，也有聚合物（Polymer），芯层掺杂少量 GeO_2，上下包层均为 SiO_2，传输损耗很低，适用于无源光器件。脊形光波导材料体系有薄膜铌酸锂（$LiNbO_3$）、绝缘衬上硅（SOI）、磷化铟（InP）。

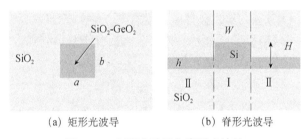

（a）矩形光波导 （b）脊形光波导

图 1.1.4 矩形光波导与脊形光波导

光波导的单模条件与光波导截面尺寸参数、光波波长以及芯包层折射率差相关。一般而言，芯包层折射率差越大，为保持光波导的单模性，光波导的截面尺寸参数越小，光波导弯曲半径要求相对较小，光芯片的尺寸也会较小，但会引起与标准单模光纤的模式失配，造成大的耦合损耗；芯包层折射率差越小，光波导的截面尺寸参数越大，光波导弯曲半径要求相对较大，与标准单模光纤的模式失配小，但光芯片的尺寸会较大。

对于矩形光波导，设 SiO_2 在波长 1550 nm 下的折射率为 1.445，芯包层折射率差 $\Delta = 0.4\%$，光波导截面宽 a 和高 b 变化范围均为 $[4\ \mu m, 10\ \mu m]$，通过有限元法计算其有效折射率，如表 1.1.1 所示，其中 SM 表示单模，TE 表示横电模，TM 表示横磁模。需要注意的是，不同波长下 SiO_2 材料的折射率是不同的，一般可根据其色散方程来计算

$$n^2 - 1 = \frac{0.696\,166\,3\lambda^2}{\lambda^2 - 0.068\,404\,3^2} + \frac{0.407\,942\,6\lambda^2}{\lambda^2 - 0.116\,241\,4^2} + \frac{0.897\,479\,4\lambda^2}{\lambda^2 - 9.896\,161^2}$$

$$（1.1.19）$$

如表 1.1.1 所示，当波导截面尺寸确定为 8 μm × 8 μm 时，可保证该 SiO₂ 矩形光波导单模工作条件，且光波导的宽和高制造工艺容差相对较大，此时对应的 TE 和 TM 基模有效折射率均为 1.447 974，全矢量模场如图 1.1.5 所示。

表 1.1.1　光波导尺寸（单位 μm）与有效折射率的关系

a \\ b		4	5	6	7	8	9	10
4	TE	1.445 398	SM	SM	SM	SM	SM	SM
	TM	1.445 400	SM	SM	SM	SM	SM	SM
5	TE	SM	1.445 249	SM	SM	SM	SM	SM
	TM	SM	1.446 250	SM	SM	SM	SM	SM
6	TE	SM	SM	1.446 918	SM	1.447 424	SM	SM
	TM	SM	SM	1.446 918	SM	1.447 424	SM	SM
7	TE	SM	SM	1.447 200	1.447 496	1.447 730	1.447 920	SM
	TM	SM	SM	1.447 198	1.447 496	1.447 734	1.447 922	SM
8	TE	SM	SM	1.447 427	1.447 732	1.447 974	1.448 168	SM
	TM	SM	SM	1.447 424	1.447 730	1.447 974	1.448 169	SM
9	TE	SM	SM	SM	1.447 922	1.448 169	1.448 366	SM
	TM	SM	SM	SM	1.447 920	1.448 168	1.448 366	SM
10	TE	SM	SM	SM	SM	SM	SM	1.448 686
	TM	SM	SM	SM	SM	SM	SM	1.448 686

对于脊形光波导，以 SOI 硅光波导为例来说明。SOI 硅光波导有小截面脊形光波导和大截面脊形光波导，小截面 SOI 硅光波导高度一般为 220 nm，大截面 SOI 硅光波导高度一般大于 1 μm。根据图 1.1.4（b），在水平方向上可将 SOI 硅光波导分成三个区域，左右两侧区域相同，称为 Ⅱ 区，中间称为 Ⅰ 区。在垂直方向上该光波导结构是可以承载多模的，但在水平方向上由于 Ⅰ 区和 Ⅱ 区波导层厚度引起较小的折射率差，而只能承载单模。因此，在脊形光波导中，垂直方向的高阶模耦合到侧向基模中，从而在脊形光波导中形成有效的单模传输。由于三维光波导本征方程难以用解析式表达，因此通常采用近似方法

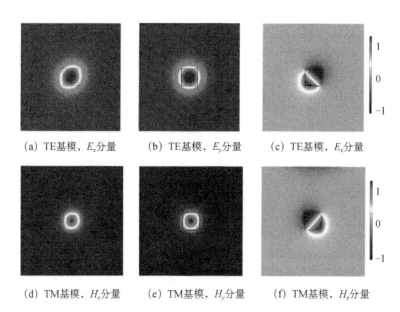

（a）TE基模，E_x分量　　　（b）TE基模，E_y分量　　　（c）TE基模，E_z分量

（d）TM基模，H_x分量　　　（e）TM基模，H_y分量　　　（f）TM基模，H_z分量

图 1.1.5　8 μm×8 μm 截面 SiO₂ 矩形光波导 TE 和 TM 基模全矢量模场（彩图请扫封底二维码）

求解本征方程的数值解。Soref 等基于局部模耦合理论拟合得到了脊形光波导的单模条件：

$$\frac{W}{H} \leqslant 0.3 + \frac{h/H}{\sqrt{1-(h/H)^2}} \tag{1.1.20}$$

式中，要求 $h/H \geqslant 0.5$。该结果与实验结果存在较大的误差，且无法解释在 $h/H < 0.5$ 时也可实现单模传输，另外也无法处理偏振敏感的问题。后有研究人员基于有效折射法（Effective Index Method，EIM）对式（1.1.20）进行了修正：

$$\frac{W}{H} < (1+\sigma)\frac{(h+\sigma)/(H+\sigma)}{\sqrt{1-\left[(h+\sigma)/(H+\sigma)\right]^2}} \tag{1.1.21}$$

$$\sigma = \frac{\gamma_1}{\sqrt{k(n_1^2-n_2^2)}} + \frac{\gamma_2}{\sqrt{k(n_1^2-n_3^2)}} \tag{1.1.22}$$

式中，$k=2\pi/\lambda$，λ 为光波波长，n_1 为硅折射率，n_2 为上包层折射率，n_3 为下包层折射率（一般是 SiO₂ 材料）。对 TE 模，$\gamma_1=\gamma_2=1$；对 TM 模，$\gamma_1=(n_2/n_1)^2$，$\gamma_2=(n_3/n_1)^2$。

图 1.1.6 为 $n_1=3.5$、$n_2=1.0$、$n_3=1.5$、$\lambda=1.523$ μm、$H=7.67$ μm 时 EIM 计算得到的单模判据曲线与 Soref 的单模判据曲线以及实验数据的对比图。

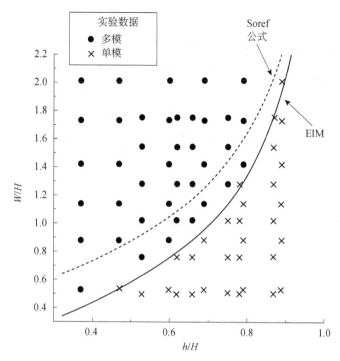

图 1.1.6　SOI 脊形硅光波导单模判据对比

1.1.4　传输损耗

光传输损耗是设计光波导时必须考虑的一个主要因素。光传输损耗主要有两部分：一是光波导与光纤的耦合损耗，此部分将在第 3 篇 "光电子器件封装、测试与可靠性" 中详细介绍；二是光波导固有损耗，包括光波导材料自身的吸收损耗、界面辐射损耗和界面散射损耗，此为本节详细讨论的内容。光波导有直波导和弯曲波导之分，都存在吸收损耗、界面辐射损耗和界面散射损耗，不过弯曲波导还存在一个模式转换损耗。

在光通信窗口，即波长范围 1250～1650 nm，本征硅材料对光子的吸收损耗很低，如在 1310 nm 波长下本征硅的吸收系数为 2.70×10^{-5} cm^{-1}，基本可以忽略不计。非本征硅材料，吸收系数随着掺杂浓度的增加而线性增加，但在轻掺杂（掺杂浓度小于 10^{16} cm^{-3}）的情况下，吸收系数是很小的。

SOI 脊形硅光波导中，SiO$_2$ 层作为下限制层，也被称为埋氧层（一般称为BOX 层），限制光场向硅衬底辐射，Rickman 等研究表明，当 BOX 层厚度为0.4 μm 时，对于波导层厚度大于 2.0 μm 的大截面尺寸 SOI 脊形硅光波导，其基模向衬底的辐射可以忽略。SOI 脊形硅光波导的损耗主要由发生在波导界面的光的辐射和散射而引起的，包括 Si/BOX 界面、Si/上包层界面（可为空气）、脊形波导侧壁刻蚀界面。高质量制造的 SOI 晶圆可以实现良好的 Si/BOX 界面，该界面的辐射和散射损耗很小，可忽略不计。SOI 脊形硅光波导在制造中，Si/上包层界面的粗糙度可以达到很低，其粗糙度引起的辐射和散射损耗也可忽略不计。光波导侧壁表面粗糙度所引起的辐射和散射损耗是 SOI 脊形硅光波导的主要传输损耗，该表面粗糙度主要是由刻蚀工艺所决定的。

1. 侧壁粗糙度损耗

Lacey 等基于微扰法给出了三层平板光波导结构（图 1.1.7）的侧壁粗糙度损耗关系（单位为 cm^{-1}）

$$\alpha = \varphi^2(d)(n_1^2 - n_2^2)^2 \frac{k_0^3}{4\pi n_1} \int_0^\pi \overline{R}(\beta - n_2 k_0 \cos\theta) \mathrm{d}\theta \qquad (1.1.23)$$

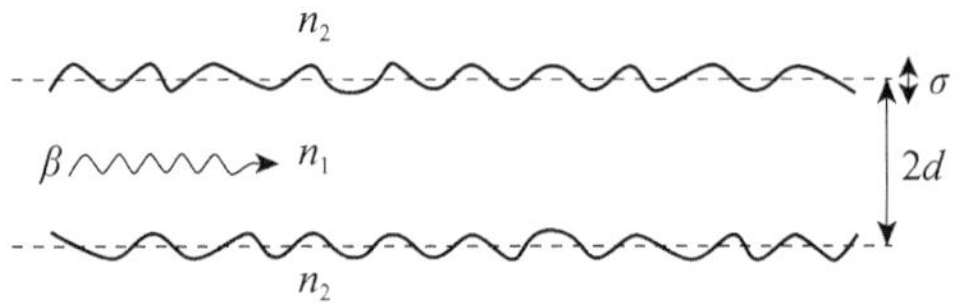

图 1.1.7　三层平板光波导

根据式（1.1.23）计算得到的结果与实际 SOI 脊形硅光波导的侧壁粗糙度损耗有差异，因为大截面尺寸 SOI 脊形硅光波导的上包层覆盖厚度不超过 1.0 μm，实际上应该按照五层平面光波导模型来推导。

改善 SOI 脊形硅光波导侧壁粗糙度的方法有三种，即热氧化法、氢气氛围下退火处理、制造工艺优化。另外，硅光波导宽度越大，波导由于侧壁粗糙度所导致的损耗就越小。

2. 弯曲损耗

弯曲光波导可实现非共线光学组件的互连，改变光波传输方向，小尺寸、低损耗的弯曲光波导可提高集成光学的集成度并降低器件尺寸和成本。

弯曲光波导有其特殊的损耗类型，即模式转换损耗，是由于传播常数的改变，也就是传播常数的虚部（相位）改变而引起的损耗。模式转换损耗主要源自模场之间的不匹配，如图 1.1.8 所示。在弯曲波导和直波导连接部分，由于曲率半径的不同，模场之间的不匹配也会引起一定程度的损耗，如图 1.1.8 所示。

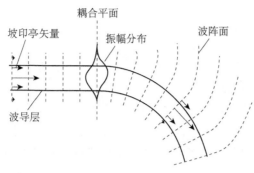

图 1.1.8 直波导和弯曲波导基模的振幅分布、波前和坡印亭矢量

弯曲光波导曲线通常采用圆形和正弦曲线，近年有研究人员提出采用阿基米德螺旋线可降低弯曲损耗。芬兰国家技术研究中心（VTT）采用欧拉螺旋曲线设计曲率渐变的弯曲波导，得到了目前最小损耗的弯曲波导，弯曲半径为 1.3 μm 时弯曲损耗为 0.2 dB/90°，弯曲半径为 6 μm 时弯曲损耗小于 0.03 dB/90°。另外就是在弯曲波导内外侧刻蚀空气槽以减少弯曲损耗，当弯曲半径为 75 μm 时，弯曲损耗为 0.7 dB/90°，如图 1.1.9 所示。

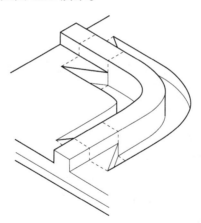

图 1.1.9 VTT 欧拉弯曲波导以及内外侧刻蚀空气槽结构

1969 年 Marcatili 等首次提出弯曲光波导相关理论，目前较为广泛的计算方法是保角变换法，该方法是 Heiblum 等在 1975 年提出的，将去暗区波导转换成直波导后分析其传输特性。1987 年 Thyagarajan 等将传输矩阵引入到保角变换方法中，进而分析弯曲光波导的透射率等。目前计算弯曲波导损耗的主要方法有有限差分法（FDM）、有限元法（FEM）、模式匹配法（MOL）、光束传播法（BPM）等，进而优化弯曲光波导。

1.1.5 案例小结

光波导是集成光学的基本要素之一，无论是何种材料体系，其设计都是需要优先选择和确认的，如单模工作条件、最小弯曲半径、仿真设计方法等，然后再进行其他功能结构的设计。本案例主要是针对平面光波导的材料选择、结构设计、仿真设计原理进行介绍，让学生掌握光波导的工作原理和设计方法，同时给出相关内容的一些研究进展和存在的问题，以及可以继续探讨的方向。

1.1.6 案例使用说明

1. 教学目的与用途

本案例旨在介绍集成光学的基本要素光波导的相关理论与设计方法。通过对案例的学习，学生能了解和掌握光波导基本原理、设计过程和设计方法，从而实现对集成光学器件/芯片的设计与优化。

2. 涉及知识点

光波传输原理、光束传播法、模式与模式耦合。

3. 配套教材

[1] Chrostowski L，Hochberg M. Silicon Photonics Design：Form Devices to Systems.Cambridge: Cambridge University Press，2015

[2] 周治平. 硅基光电子学. 北京：北京大学出版社，2012

[3] 赫罗斯托夫斯基 L，霍克伯格 M.硅光子设计——从器件到系统.郑煜，蒋连琼，郜飘飘，等译.北京：科学出版社，2021

4. 启发思考题

（1）假如你是一条鱼，你从水中看到岸边的树是怎么样的？

（2）如何限制光，或者说如何让光按照期望的方式进行传输？

（3）集成光学中的光波导与集成微电子中的哪个基本要素对应？为什么？

（4）折射率与介电常数之间的关系是怎么样的？

（5）三层平板光波导与五层平面光波导的传输模型有什么不同？

5. 分析思路

本案例可首先从 *Nature* 或 *Science* 期刊最新刊发的一篇关于集成光学器件/芯片的文章开始，引出光波导，指出光波导是集成光学器件/芯片的基本要素之一。穿插"武汉光谷"的创建历史，勉励学生继承和发扬老一辈科学家的家国情怀。然后从材料体系方面指出目前存在哪些体系的光波导，并指出其共性基本原理。然后介绍光波导分析计算的基本理论、单模工作条件、传输损耗等。最后结合光波导理论与技术发展，指出目前还存在哪些问题，以及可能的研究和发展方向。

6. 理论依据

见 1.1.2 节介绍。

7. 背景信息

见案例 1.1 引言和 1.1.1 节介绍。

8. 关键要点

（1）不同材料的光波导单模工作条件及分析计算方法。
（2）光波导侧壁粗糙度与传输损耗的关系。
（3）弯曲光波导模式匹配方法。

9. 课堂计划建议

课堂时间 90 min	0～10 min	学生围绕"光传输"自由讨论
	10～60 min	介绍光波导的应用及材料体系；介绍光束传播法原理和光波导单模工作条件，并现场通过专用计算软件演示其计算过程
	60～80 min	介绍光波导传输损耗机制，讨论目前采用三层平板光波导模型导出的侧壁粗糙度与传输损耗关系式的不足
	80～90 min	对案例进行总结。布置设计作业：要求学生在一个星期内以五层平板光波导模型导出侧壁粗糙度与传输损耗的关系式

参 考 文 献

[1] 林志浪. SOI 集成光波导器件的基础研究. 上海：中国科学院上海微系统与信息技术研究所，2004

[2] 蒋卫锋. 硅基 PLC 型无源光子集成器件理论与关键技术研究. 南京：东南大学，2015

[3] 高凡. SOI 基集成光波导器件及表面粗糙度改善的研究. 上海：中国科学院上海微系统与信息技术研究所，2005

[4] Lacey J P R，Payne F P. Radiation loss from planar waveguide with random wall imperfections. IEE Proceedings J（Optoelectronics），1990，137（4）：282-289

[5] Cherchi M，Ylinen S，Harjanne M，et al. Dramatic size reduction of waveguide bends on a micron-scale silicon photonic platform. Optics Express，2013，21（15）：17814-17823

[6] Solehmainen K，Aalto T，Dekker J，et al. Development of multi-step processing in silicon-on-insulator for optical waveguide applications. Journal of Optics a-Pure and Applied Optics，2006，8（7）：S455-S460

[7] Melloni A，Monguzzi P，Costa R，et al. Design of curved waveguides：the matched bend. Journal of the Optical Society of America B，2003，20：130-137

[8] Yuan W，Seibert C S，Hall D C. Single-facet teardrop laser with matched-bends design. IEEE Journal on Selected Topics in Quantum Electronics，2011，17（6）：1662-1669

[9] Walker R G，Cameron N I，Zhou Y，et al. Optimized gallium arsenide modulators for advanced modulation formats. IEEE Journal on Selected Topics in Quantum Electronics，2013，9（6）：3400912

[10] Paloczi G T，Scheuer J，Yariv A. Compact microring-based wavelength-selective inline optical reflector. IEEE Photonics Technology Letters，2005，17（2）：390-392

[11] Zheng Y，Wu X H，Jiang L L，et al. Design of 4-channel AWG Multiplexer/demultiplexer for CWDM system. Optik，2020，201：163513

[12] Zheng Y，Liu Z J，Jiang L L，et al. Sensitivity analysis and optimization of optical Y-branch structure parameters. Applied Optics，2020，59（19）：5803-5811

[13] 何浩. 微纳光波导与光纤耦合机理及技术研究. 长沙：中南大学，2021

[14] 吴瑶. 40 通道 100G 阵列波导光栅芯片设计与优化研究. 长沙：中南大学，2021

[15] 刘志杰. 特种平面光波导光分路器的优化设计与实验研究. 长沙：中南大学，2021

[16] 吴雄辉. 石英基粗波分复用解复用器的设计与制造研究. 长沙：中南大学，2020

[17] 开小超. 硅光波导与光纤垂直耦合光栅的制作研究. 长沙：中南大学，2018

[18] Pogossian S P，Vescan L，Vonsovici A. The single-mode condition for semiconductor rib waveguide with large cross section. Journal of Lightwave Technology，1998，16（10）：1851-1853

[19] 刘俊. 多通道平面光波导光收发器件的研究. 武汉：华中科技大学，2019

[20] 孙宝光. 平板光波导的矩阵方法及硅波导耦合的模拟研究. 重庆：重庆大学，2019

案例1.2 平面光波导分路器芯片设计及优化

功分型光波导器件也被称作平面光波导分路器（Planar Lightwave Circuit Splitter，PLC Splitter），其功能是实现光信号的分束和合束，广泛应用于光纤入

x（Fiber to the x，FTTx；x 可以是户（Home）、办公室（Office）、楼宇（Building）等）中。根据光功率分配比例可分为均匀分光比型和非均匀分光比型。均匀分光比型根据通道数目可分为 1×N（N=2，4，8，16，32，64，128）型和 2×N（N=2，4，8，16，32，64，128）型，N 也可为 3，6，12，24 等。

非均匀分光比型根据应用可实现主通道和旁通道任意比例分配。主通道通常只有 1 个，占比 75%；旁通道通常有 4，8，16 个等，各通道均匀分光，合计占比 25%；或者各通道分光比任意；光全部分配至旁通道的器件被称为定向耦合器，也叫方向耦合器（Directional Coupler，DC），通常为 1×2 型或 2×2 型。

1.2.1　平面光波导分路器光学性能参数

平面光波导分路器作为光无源器件中的重要器件之一，器件的优劣取决于器件性能，根据现行的相关标准，即中华人民共和国国家标准 GB/T 28511.1—2012 以及中华人民共和国通信行业标准 YD/T 2000.1—2014《平面光波导集成光路器件 第 1 部分：基于平面光波导（PLC）的光功率分路器》，用以判断光分路器优劣的主要性能指标包括插入损耗（Insertion Loss，IL）、方向性（Directivity）、通道均匀性（Uniformity，UNIF）、偏振相关损耗（Polarization Dependent Loss，PDL），在器件的工作波长范围内还需考虑波长相关损耗（Wavelength Dependent Loss，WDL）以及器件整体损耗，即附加损耗（Excess Loss，EL）。

1. 插入损耗

插入损耗表示平面光波导分路器在某一波长下输出通道的光功率相对于输入总光功率的减少值：

$$\mathrm{IL}_i = -10\lg\left(\frac{P_{\mathrm{out}_i}}{P_{\mathrm{in}}}\right) \tag{1.2.1}$$

IL_i 为第 i 个输出通道的插入损耗，单位为 dB；P_{in} 和 P_{out_i} 分别为输入的总光功率和通道 i 输出的光功率。

2. 通道均匀性

通道均匀性表示平面光波导分路器各个输出通道之间输出光功率的最大变化量。

$$\text{UNIF} = -10\lg\left(\frac{P_{\text{out min}}}{P_{\text{out max}}}\right) \tag{1.2.2}$$

UNIF 为平面光波导分路器通道均匀性，单位为 dB；$P_{\text{out min}}$ 和 $P_{\text{out max}}$ 分别为各输出通道输出光功率的最小值和最大值。

3. 波长相关损耗

波长相关损耗表示平面光波导分路器的某一通道在某一固定的波长范围内的输出光功率值的最大变化量。

$$\text{WDL} = -10\lg\left(\frac{P_{\text{out}_i \text{ min}}}{P_{\text{out}_i \text{ max}}}\right) \tag{1.2.3}$$

WDL 为平面光波导分路器的波长相关损耗，单位为 dB；$P_{\text{out}_i \text{ min}}$ 和 $P_{\text{out}_i \text{ max}}$ 分别为在不同波长下，其他结构和条件相同时输出光功率的最大值和最小值。

4. 偏振相关损耗

偏振相关损耗表示平面光波导分路器在不同偏振条件下，其他结构和条件相同时输出光功率的最大变化量。

$$\text{PDL}_i = -10\lg\left(\frac{P_{\text{out}_i \text{ min}}}{P_{\text{out}_i \text{ max}}}\right) \tag{1.2.4}$$

PDL_i 为平面光波导分路器的偏振相关损耗，单位为 dB；$P_{\text{out}_i \text{ min}}$ 和 $P_{\text{out}_i \text{ max}}$ 分别为在不同偏振条件下，其他结构和条件相同时输出光功率的最大值和最小值。

5. 附加损耗

附加损耗指的是平面光波导分路器在工作波长下各个输出通道输出的光功率的总和与输入光功率相比的变化量。

$$\text{EL} = -10\lg\left(\frac{\sum P_{\text{out}_i}}{P_{\text{in}}}\right) \tag{1.2.5}$$

EL 为平面光波导分路器附加损耗，单位为 dB；P_{in} 和 P_{out_i} 分别为输入的总光功率和通道 i 输出的光功率。

1.2.2 平面光波导分路器光学模型

如图 1.2.1 所示，构建 1×2 均匀分光的平面光波导分路器（简称为 Y 分支）

光学模型，Y 分支结构简单，在很多集成光学器件/芯片中可作为基本功能结构来使用，如马赫-曾德尔干涉仪（MZI）、光波导陀螺、干涉型调制器等。

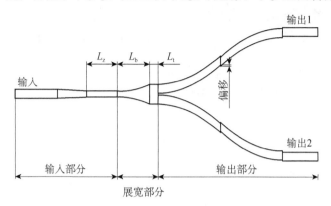

图 1.2.1　1×2 均匀分光的平面光波导分路器

Y 分支结构工作的波长范围为 1.25～1.65 μm，设计与优化参数主要有窄直波导长度 L_z，展宽波导长度 L_b、过渡波导长度 L_t 以及弯曲波导之间的偏移（Offset）。衬底为高纯熔融石英玻璃，芯层包层折射率差为 0.45%，衬底和包层折射率根据 SiO$_2$ 色散公式（案例 1.1 中的式（1.1.19））进行确定；在波长为 1.55 μm 时，衬底折射率 n_s=1.4440，芯层折射率 n_c=1.4506。截面尺寸为 6 μm×6 μm 的矩形截面光波导，输入输出波导长度为 1000 μm，弯曲段波导取最小弯曲半径为 15 mm；Y 分支波导之间间距（gap），考虑现有的制造工艺和器件损耗特性，理论上当间距越小时，光传输过程中从间距处的泄漏就越少，整体损耗就越小，但是受到光刻工艺的限制，Y 分支波导之间间距取 1.2 μm。基于以上确定的优化参数，对 Y 分支通过 BPM 进行仿真优化设计。

1.2.3　均匀平面光波导分路器参数优化设计

1. 窄直波导长度优化

对输入部分的窄直波导长度进行优化，窄直波导的宽度为 5.5 μm。考虑在实际使用过程中可能存在的对准耦合误差，窄直波导的引入能滤除由于该误差产生的分高阶模，很大程度地改善器件的均匀性，因此在设计时在输入波导部分引入 0.5 μm 的错位进行优化设计。图 1.2.2 为窄直波导长度 L_z 变化时的器件均匀性（UNIF）及波长相关损耗（WDL）变化曲线。由图 1.2.2 可以看出，均匀性随着窄直波导长度 L_z 的增大呈现出一个周期振荡并且振幅逐渐减小的趋势,对波长为 1.25 μm 的作用效果最为明显,在 L_z 值取 258 μm、444 μm、630 μm 时有三个极小值,且此时其他波长的均匀性也较小。波长相关损耗随 L_z 的增加呈现出周期振荡并且振幅逐渐减小的趋势。两通道分别在 L_z 值取 246 μm、438 μm 和 634 μm 时及 L_z 值取 244 μm、438 μm 和 640 μm 时有极小值。

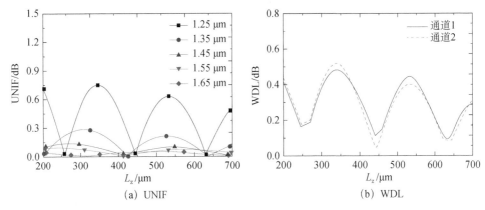

图 1.2.2　窄直波导长度变化时器件性能曲线

考虑器件的尺寸和性能,虽然波导较长时其模式滤除的作用会更为显著,但同时考虑器件的集成,波导的长度不应过长。最终选择窄直波导长度 L_z 为 444 μm。

2. 展宽波导长度优化

展宽波导对输入光场进行缓慢展宽,将输入的单模光场逐渐展宽至介于单模和多模之间的超模状态,能大大减小模式转换损耗,展宽波导的展宽变化曲线为平方型。图 1.2.3 为展宽波导长度 L_b 变化时的器件插入损耗(IL)及波长相关损耗(WDL)的变化曲线。不同波长下的器件损耗随着展宽波导长度 L_b 的增大开始呈现出先下降再上升的趋势。在 L_b 值取 350 μm 时,整体损耗最小。波长相关损耗随 L_b 的增加呈现出周期振荡趋势,两通道分别在 L_b 值取 350 μm 及 348 μm 时有最小值。结合器件的尺寸和性能,选择展宽波导的最佳长度 L_b 为 350 μm。

3. 过渡波导长度优化

过渡波导是展宽波导后用于稳定展宽后的模场,该结构为一段直波导。图 1.2.4 为过渡波导长度 L_t 变化时的插入损耗(IL)变化曲线及波长相关损耗(WDL)变化曲线,随着展宽波导长度的增加均呈现出周期性振荡,且整体呈现上升的趋势。结合器件的尺寸和性能,选择展宽波导的最佳长度 L_t 为 100 μm。此时波长从 1.25～1.65 μm 的通道损耗分别为 3.05782dB、3.05413dB、3.05027dB、3.05387dB 和 3.05781dB。两通道的波长相关损耗分别为 0.00755dB 和 0.00773dB。

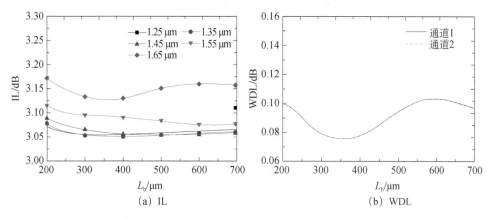

(a) IL　　　　　　　　(b) WDL

图 1.2.3　展宽波导长度变化时性能曲线

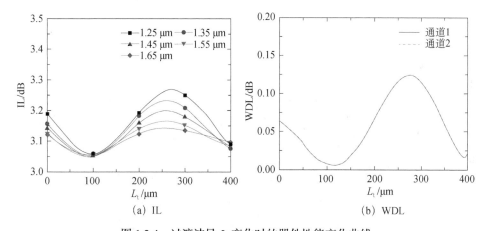

(a) IL　　　　　　　　(b) WDL

图 1.2.4　过渡波导 L_t 变化时的器件性能变化曲线

4. 弯曲波导之间偏移优化

输出弯曲波导由两段弧波导连接而成，由于光在弯曲波导中传输会产生偏移，而这会导致光在两段弧波导连接处产生耦合损耗，在两段弧波导之间引入偏移（Offset）能减小这种损耗，同时在弯曲弧波导与输出段直波导之间引入偏移为 Offset/2。由图 1.2.5 可以看出，对应不同的偏移，Y 分支的损耗有小幅度变化，Offset 值为 0.6 μm 时，整体损耗有最小值 3.0779 dB，这里选择错位为 0.6 μm，此时对应波长范围为 1.25～1.65 μm，损耗分别为 3.0547 dB、3.0527 dB、3.055 dB、3.0779 dB 和 3.1021 dB。

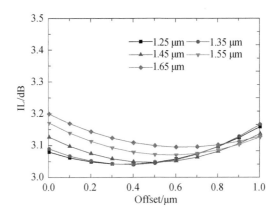

图 1.2.5 弯曲波导之间错位 Offset 变化下的器件性能曲线

最后，根据确定的参数得到 Y 分支结构，在波长范围 1.25～1.65 μm 内，IL、UNIF、WDL 分别小于 3.103 dB、0.073 dB、0.055 dB 和 0.001 dB。

1.2.4　基于 Y 分支结构的 1×5 非均匀平面光波导分路器参数优化设计

基于非均分 Y 分支采用 Sparkle 级联方式可以得到 1×5 的平面光波导分路器，如图 1.2.6 所示。常见 1×5 的平面光波导分路器的分光比如表 1.2.1 所示。

输入   输出

图 1.2.6　基于非均分 Y 分支结构的 1×5 的平面光波导分路器

表 1.2.1　常见 1×5 的平面光波导分路器的分光比

分光比	输出通道 1	输出通道 2～5
50%∶50%	50%	50%
67%∶33%	67%	33%
75%∶25%	75%	25%
95%∶5%	95%	5%

对第一级分支处的输出比例为 50%∶50% 的器件进行仿真计算，这里直接选用前面设计的 PLC 1×2 的设计结果作为第一级分支进行设计。PLC 1×5 光分路器仿真结果如图 1.2.7 所示，在波长范围为 1.25～1.65 μm 内，通道 1 的 IL 小于

3.075 dB。通道 2～5 的 IL、UNIF、WDL、PDL 分别小于 9.3 dB、0.191 dB、0.234 dB、0.002 dB。输入输出波导长度均为 1000 μm，器件尺寸为 1006 μm× 10 792 μm。

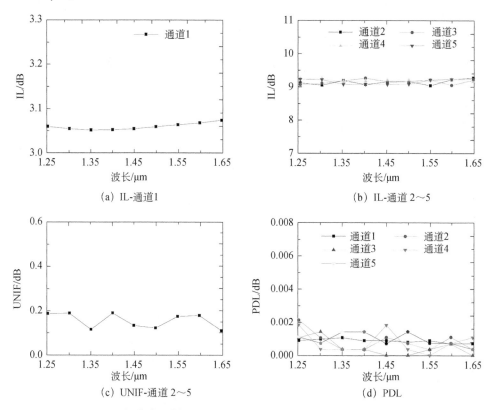

图 1.2.7　一级分支比例 50%∶50%的 Y 分支型 PLC 1×5 分路器仿真计算

对第一级分支处的输出比例为 67%∶33%的器件进行仿真计算，对第一级分支处的 Y 分支进行设计，得到在第一级分支处的性能结果如图 1.2.8 所示，两个通道能量分别不小于 63.5%和 33.1%，波长相关损耗分别小于 0.054 dB 和 0.017 dB。设计得到的器件性能如图 1.2.9 所示，在波长范围为 1.25～1.65 μm 内，通道 1 的 IL 小于 1.89 dB，通道 2～5 的 IL、UNIF、WDL、PDL 分别小于 11.02 dB、0.127 dB、0.111 dB 和 0.038 dB。输入输出波导长度均为 1000 μm。

对第一级分支处的输出比例为 75%∶25%的器件进行仿真计算，首先对第一级分支处的 Y 分支进行设计，得到在第一级分支处的性能结果，如图 1.2.10 所示，两个通道能量分别不小于 0.7385 和 0.2300，波长相关损耗分别小于 0.067 dB 和 0.022 dB。设计得到的器件性能如图 1.2.11 所示，在波长范围为 1.25～1.65 μm

内，通道 1 的 IL 小于 1.44 dB，通道 2～5 的 IL、UNIF、WDL、PDL 分别小于 12.22 dB、0.43 dB、0.47 dB、0.0378 dB。输入输出波导长度均为 1000 μm，器件尺寸为 1006 μm×10581 μm。

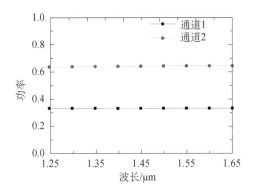

图 1.2.8　分光比 67%∶33%输出功率仿真计算

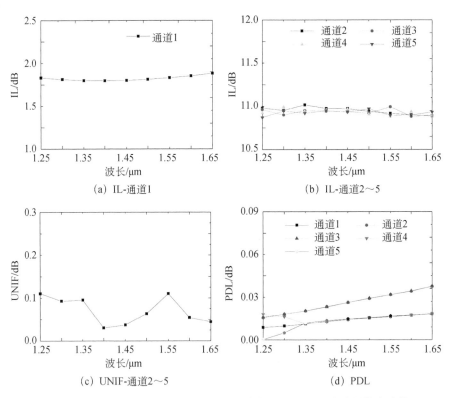

（a）IL-通道 1

（b）IL-通道 2～5

（c）UNIF-通道 2～5

（d）PDL

图 1.2.9　一级分支比例 67%∶33%的 Y 分支型 PLC 1×5 分路器仿真计算

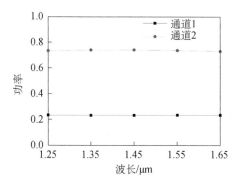

图 1.2.10 分光比 75%：25%输出功率仿真计算

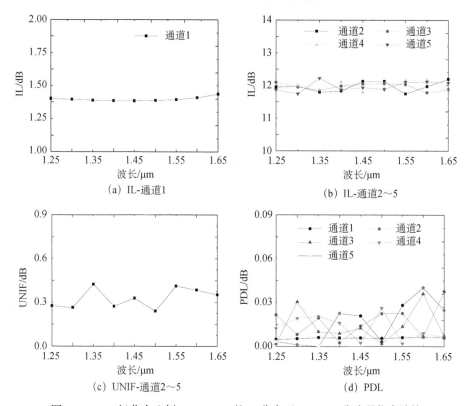

（a）IL-通道1 （b）IL-通道2~5

（c）UNIF-通道2~5 （d）PDL

图 1.2.11 一级分支比例 75%：25%的 Y 分支型 PLC1×5 分路器仿真计算

对第一级分支处的输出比例为 95%：5%的器件进行仿真计算，对第一级分支
处的 Y 分支进行设计，得到在第一级分支处的性能结果如图 1.2.12 所示，两个通
道能量分别不小于 0.890 和 0.075，波长相关损耗分别小于 0.040 dB 和 0.696 dB。
设计得到的器件性能如图 1.2.13 所示，在波长范围为 1.25~1.65 μm，通道 1 的
IL 小于 0.493 dB，通道 2~5 的 IL、UNIF、WDL、PDL 分别小于 17.07 dB、

0.375 dB、0.931 dB、0.0852 dB。输入输出波导长度均为 1000 μm，器件尺寸为 1006 μm×10 687 μm。

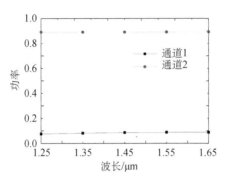

图 1.2.12   分光比 95%：5%输出功率仿真计算

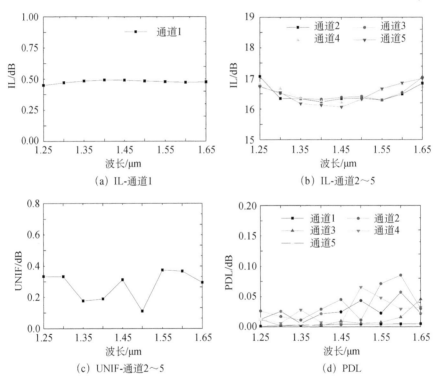

图 1.2.13   一级分支比例 95%：5%的 Y 分支型 PLC1×5 分路器仿真计算结果

1.2.5   案例小结

本案例采用实践教学的方法，以典型集成光学器件——1×2 均匀分光比平面光波导分路器（Y 分支）和 1×2 非均匀分光比平面光波导分路器设计为例，探讨了集成光学器件/芯片的设计过程，借助 BPM 对典型集成光子器件——平面光波导分路器进行了结构和材料参数优化设计，研究不同结构尺寸对平面光波导光分路器芯片光学特性，如插损、波长相关损耗等的影响规律和机制，从而让学生掌握集成光子器件/芯片的设计流程和相应的规范要求。

1.2.6　案例使用说明

1. 教学目的与用途

本案例旨在探明器件结构和材料参数对集成光子芯片光学性能参数的影响规律。通过对案例的学习，学生能了解和掌握光波传输原理、集成光子芯片的设计流程，从而实现对集成光子芯片的设计与优化。

2. 涉及知识点

光波传输原理、光束传播法（BPM）、平面光波导回路（PLC）。

3. 配套教材

[1] Chrostowski L，Hochberg M. Silicon Photonics Design：Form Devices to Systems. Cambridge：Cambridge University Press，2015

[2] 赫罗斯托夫斯基 L，霍克伯格 M. 硅光子设计——从器件到系统. 郑煜，蒋连琼，郜飘飘，等译. 北京：科学出版社，2021

[3] 刘志杰. 特种平面光波导分路器的优化设计与实验研究. 长沙：中南大学，2021

4. 启发思考题

（1）电信号是如何分支的，特别是高速电信号？光信号如何分支？光信号的分支和电信号的分支有何不同？

（2）FTTx（Fiber to the x，x 可以是家（Home），可以是楼宇（Building），也可以是路边（Road）等）架构是怎么样的？

（3）光刻极限对微光电子芯片制造有什么影响？

（4）功率分配与波长分配的区别是什么？

5. 分析思路

本案例首先介绍分光镜，如何通过晶体将光一分为二，然后抛出如何通过集成光学的方式实现光波信号功率分配及其在时分复用（TDM）中应用的问题，邀请学生共同讨论。穿插贝尔实验室简介，贝尔实验室是晶体管、激光器、太阳能电池、发光二极管、数字交换机、通信卫星、电子数字计算机、C语言、UNIX操作系统、蜂窝移动通信设备、长途电视传送、仿真语言、有声电影、立体声录音，以及通信网等许多重大发明的诞生地。然后介绍Y分支结构的工作原理及其应用，基于BPM对典型集成光子器件——1×2均匀分光比平面光波导分路器（Y分支）和1×2非均匀分光比平面光波导分路器进行结构和材料参数优化设计，研究不同结构尺寸对平面光波导光分路器芯片光学特性，如插损、波长相关损耗等的影响规律和机制。

6. 理论依据

本案例所采用的计算方法为光束传播法，算法原理详见1.1.2节介绍。

7. 背景信息

见本案例1.2.1节介绍。图1.2.14为FTTx的架构示意图，图示中的Splitter即为平面光波导分路器，作为：①下行光信号（1490 nm和1550 nm）的功率分配；②上行光信号（1310 nm）的合束。

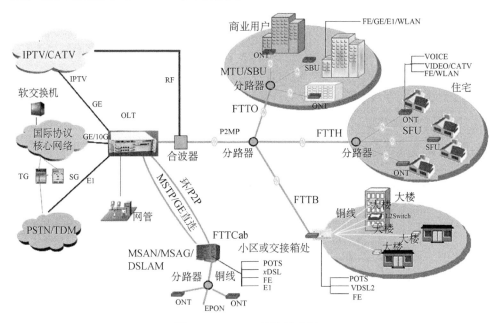

图1.2.14　FTTx架构示意图

光功率分配器主要用于光纤到户（FTTH），根据"宽带中国战略""提速降费"，中国电信、中国移动等公司会进一步扩大 FTTH 建设。

目前国内能从事集成光子芯片生产的单位主要有河南仕佳光子科技股份有限公司（由中国科学院半导体研究所和深圳仕佳光缆技术有限公司联合投资）、浙江博创科技股份有限公司（收购美国 Kaiam 公司，该公司在英国有一条 8 寸集成光子芯片生产线，月产能 600 片）、武汉光迅科技股份有限公司（收购丹麦 IPX 集成光子晶圆生产线）、上海鸿辉光通科技股份有限公司、西安奇芯光电科技有限公司、无锡宏纳科技有限公司、中山安捷芯科技有限公司。

根据国际市场调研公司报告，2020 年，全球 FTTx 用户数可达 5 亿，年均增长约 21%，中国 FTTx 用户数可达 2.8 亿，年均增长约 26%。对应的光功率分配器件 2020～2025 年全球光分路器市场规模将持续增长，2020～2025 年预测期间的年复合增长率为 5.3%，预计到 2025 年将从 2019 年的 6.434 亿美元达到 7.899 亿美元。且市场的主要增长点在中国市场。典型公开招标案例，中国移动 2018～2019 年光功率分配器公开招标约 1682 万套，2019～2020 年公开招标约 39 771 套。

8. 关键要点

（1）不同结构尺寸对平面光波导光分路器芯片光学特性，如插损、波长相关损耗、偏振相关损耗等的影响规律和机制。

（2）考虑制造工艺容差、平面光波导光分路器芯片结构参数容差。

9. 课堂计划建议

课堂时间 90 min	0～10 min	学生围绕"晶体分光"自由讨论
	10～60 min	采用光束传播法分析研究不同结构参数和材料参数对 Y 分支均匀分光以及 1×5 非均匀分光比平面光波导分路器芯片光学特性的影响规律，介绍平面光波导分路器的常见设计方法、过程并举例说明
	60～80 min	结合制造工艺容差，讲述芯片结构设计容差范围和设计规范
	80～90 min	对案例进行总结。布置设计作业：要求学生在一个星期内设计出一个典型的 1×4 型均匀分光比平面光波导分路器芯片

参 考 文 献

[1] 曹淼. "宽带中国"战略实施效果评估. 中国信息界，2020，（3）：67-70

[2] 才宏宇. 光纤通讯技术的发展与展望. 信息技术与标准化，2002，（5）：9-10

[3] 安俊明，吴远大，张家顺，等. 光纤到户平面光波回路（PLC）光分路器产业化. 科技促进发展，2015，（2）：184-188

[4] Wang L L, An J M, Zhang J S, et al. Design and fabrication of a low-loss and asymmetric 1×5 arbitrary optical power splitter. Applied Optics, 2016, 55（30）: 8601-8605

[5] 金光照，朱兵兵. FTTx 光分路器组件的分类及性能指标分析. 电信科学，2009，25（02）：7-11

[6] Hatami-Hanza H, Lederer M J, Chu P L, et al. A novel wide-angle low-loss dielectric slab waveguide Y-branch. Journal of Lightwave Technology, 1994, LT-2（2）: 208-214

[7] Sakamaki Y, Saida T, Shibata T, et al. Y-branch waveguides with stabilized splitting ratio designed by wavefront matching method. IEEE Photonics Technology Letters, 2006, 18（7）: 817-819

[8] Gamet J, Pandraud. Ultralow-loss 1 × 8 splitter based on field matching Y junction. IEEE Photonics Technology Letters, 2004, 16（9）: 2060-2062

[9] Yong Y S, Low A L Y, Chien S F, et al. Design and analysis of equal power divider using 4-branch waveguide. IEEE Journal of Quantum Electronics, 2005, 41（9）: 1181-1187

[10] He X W. Design and application on a new wide-angle Y-branch waveguide with low radiation loss. Journal of University of Electronic Science and Technology of China, 2004, 33（1）: 56-52

[11] Zheng Y, Wu X H, Jiang L L, et al. Design of 4-channel AWG Multiplexer/demultiplexer for CWDM system. Optik, 2020, 201: 163513

[12] Zheng Y, Liu Z J, Jiang L L, et al. Sensitivity analysis and optimization of optical Y-branch structure parameters. Applied Optics, 2020, 59（19）: 5803-5811

[13] 何浩. 微纳光波导与光纤耦合机理及技术研究. 长沙：中南大学，2021

[14] 吴瑶. 40 通道 100G 阵列波导光栅芯片设计与优化研究. 长沙：中南大学，2021

[15] 刘志杰. 特种平面光波导光分路器的优化设计与实验研究. 长沙：中南大学，2021

[16] 吴雄辉. 石英基粗波分复用解复用器的设计与制造研究. 长沙：中南大学，2020

[17] 吴艳艳，李锡华，江晓清，等. 级联 Y 分支光波导的优化设计. 光学仪器，2005，（5）：74-78

[18] 江虹，王文敏，陈光. Y 分支结构输出特性的优化. 光通信研究，2003，（3）：60-62

[19] 刘俊. 多通道平面光波导光收发器件的研究. 武汉：华中科技大学，2019

[20] 孙宝光. 平板光波导的矩阵方法及硅波导耦合的模拟研究. 重庆：重庆大学，2015

案例 1.3　波分复用/解复用芯片设计及优化

　　光通信技术具有大带宽、低损耗等优点，是现代通信的重要基础。随着信息技术的飞速发展，5G 时代的开启，巨大可用频谱（10THz）、超大容量

（100Tbps）、超高传输速率（1Tbps）为光电子器件的发展提出了新的挑战。光通信领域中的密集波分复用技术能够充分利用光纤的带宽资源，从而增加光纤的传输容量，降低成本，因此在应用网络业务方面具有巨大的潜力，成为光通信领域的研究热点和首选技术。

波分复用技术的基本原理是在发射端通过光复用器（Multiplexer，MUX）将不同波长的光信号复用到同一根光纤中传输，在接收端通过光解复用器（Demultiplexer，DeMUX）将复用的光信号分离开，然后接收解调，恢复原信号送入不同的终端。波分复用技术根据波长间隔可分为粗波分复用（CWDM）、密集波分复用（DWDM）以及中等波分复用（MWDM）、细波分复用（LWDM）。CWDM 有 18 个波段，从 1270 nm 到 1610 nm，每个波段间隔为 20 nm。DWDM 每个通道间隔根据需要有三种：0.4 nm（50 GHz）、0.8 nm（100 GHz）以及 1.6 nm（200 GHz）。MWDM 是重用了 CWDM 的前 6 波，将波长间隔压缩为 7 nm，左右偏移 3.5 nm 扩展为 12 波。LWDM 是基于以太网通道的波分复用局域网波分复用技术，采用了位于 O-band（1260～1360 nm）范围的 1269 nm 到 1332 nm 波段的 12 个波长，波长间隔为 4 nm（1269.23 nm、1273.54 nm、1277.89 nm、1282.26 nm、1286.66 nm、1291.1 nm、1295.56 nm、1300.05 nm、1304.58 nm、1309.14 nm、1313.73 nm、1318.35 nm）。

波分复用/解复用器主要类型包括介质膜滤光片（Thin Film Filter，TFF）、光纤布拉格光栅（Fiber Bragg Grating，FBG）和平板光波导型波分复用器，如图 1.3.1 所示。TFF 是最早商用于 DWDM 模块的，其对通带、波纹、损耗和温度稳定性等性能的要求很高，它的设计是基于传统的法布里-珀罗（F-P）型干涉滤光片，级联 N 个 TFF 可以复合/分离 N+1 个波长通道。为了不增大功率损耗，TFF 的复用器通道数量都很少，一般不超过 16 个通道。FBG 是近几年发展起来的复用器，其工作原理是在纤芯内部制成空间相位周期性分布的光栅，而特定波长的光波在这个区域内将被反射，其余波长则会被透射出去，从而达到滤波的目的。FBG 具有体积小、损耗低、抗干扰性强和易于光纤耦合等优点，常用作位移、速度和温度等测量传感器。平板光波导型波分复用器的主要代表器件是刻蚀衍射光栅（Echelle Diffraction Grating，EDG）和阵列波导光栅（Arrayed Waveguide Grating，AWG），二者的设计原理均是基于罗兰圆结构，EDG 的输入输出波导均位于同一罗兰圆上，而 AWG 的输入输出波导分别位于两个对称的罗兰圆上。EDG 和 AWG 的集成度高、易实现窄通带间隔，适用于设计通道数多的波分复用器。

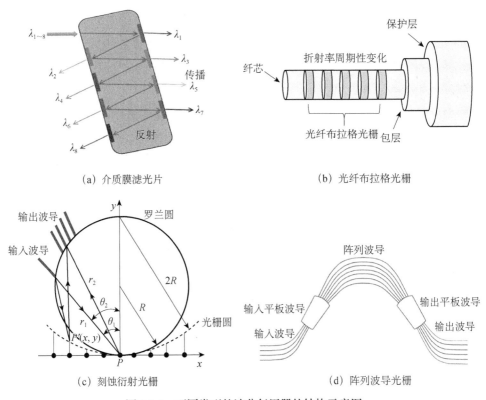

(a) 介质膜滤光片

(b) 光纤布拉格光栅

(c) 刻蚀衍射光栅

(d) 阵列波导光栅

图 1.3.1　不同类型的波分复用器的结构示意图

　　本案例以 40 通道 100G AWG 芯片作为设计对象，对其进行理论分析以及优化设计，100G AWG 为密集波分复用器件，其结构示意图如图 1.3.2 所示。

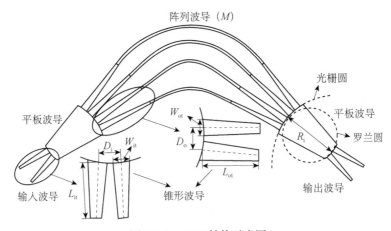

图 1.3.2　AWG结构示意图

1.3.1　阵列波导光栅光学性能参数

AWG 的光学性能指标是衡量器件优劣性的重要参考，包括波长偏差（Wavelength Deviation）、插损（Insertion Loss，IL）、插损非均匀性（IL non-uniformity）、串扰（Crosstalk）、带宽（Bandwidth）、偏振相关损耗（Polarization Dependent Loss，PDL）等，如图 1.3.3 所示。

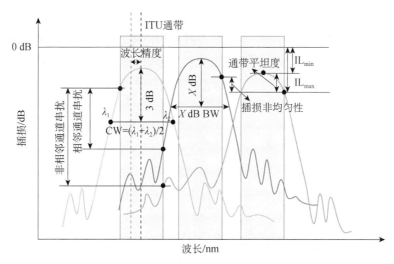

图 1.3.3　波分复用器件基本光学性能指标

1. 波长偏差

波长偏差也称为波长精度（Wavelength Accuracy），是通道中心波长（Center Wavelength，CW）的实际值与国际电信联盟（ITU）中规定理论值的偏差。其中通道中心波长指的是光强从峰值下降 3 dB 后的波长平均值，即

$$CW = \frac{\lambda_1 + \lambda_2}{2} \tag{1.3.1}$$

造成波长偏差的原因主要有两个：一是相邻阵列波导长度差 ΔL 的设计误差及制造误差导致中心波长出现偏移；二是结构参数输入阵列波导间距 D_i、阵列波导间距 D_o 及光栅圆半径 R_o 的制造偏差影响通道波长间隔 $\Delta\lambda$，从而影响通道的中心波长。由于 DWDM 的波长间隔很小，波长偏差过大会对通道的插损和串扰产生很大的影响，因此在设计和制造中需要严格控制波长偏差。CWDM 波长间隔相对较大，波长偏差影响相对较小。

2. 插损

插损是 AWG 器件比较关键的性能指标之一，指的是 ITU 通带（Passband）内的最大插损 IL_{max}，定义为穿过 AWG 某一特定通道所引起的功率损耗。插损的主要来源有：波导的传输损耗；弯曲波导产生的辐射损耗；耦合损耗，如平板波导和阵波导两端的转换损耗和模场失配引起的耦合损耗等，其中耦合损耗所占比重很大，其相关表达式为

$$L_o \approx 17 \cdot \exp\left(-4\pi \omega_e^2 / D_o^2\right) + L_p \tag{1.3.2}$$

式中，L_o 是中心通道的损耗，L_p 是光通过平板波导和阵列波导所引起的传输损耗。从上式中可以看出阵列波导间距 D_o 是影响插损的关键结构参数。

3. 损耗非均匀性

损耗非均匀性指的是中心通道插损与边缘通道插损的差异，其象征着各通道插损的均匀性，因此损耗非均匀性越小越好，其相关表达式为

$$L_u \approx 8.69 \left(\frac{\theta_{max}}{\theta_o}\right)^2 \tag{1.3.3}$$

其中，L_u 是损耗非均匀性，θ_o 是高斯场的等效宽度，θ_{max} 是边缘通道和中心通道之间的角度。θ_o 和 θ_{max} 可分别表示为

$$\theta_o = \frac{\lambda_o}{n_s} \frac{1}{\omega_e \sqrt{2\pi}} \tag{1.3.4}$$

$$\theta_{max} \approx \frac{(N-1)D_i}{2R_i} \tag{1.3.5}$$

式中，R_i 为罗兰圆半径。将式（1.3.4）、式（1.3.5）代入式（1.3.3）可得

$$L_u \approx 13.65 \left(\frac{(N-1)D_i n_s \omega_e}{R_i \lambda_0}\right)^2 \tag{1.3.6}$$

再根据角色散方程替换上式中的 D_i 可得

$$L_u \approx 13.65 \left(\frac{(N-1)\omega_e R_o m n_g \Delta\lambda}{R_i \lambda_o n_c D_o}\right)^2 \tag{1.3.7}$$

由上式可知，影响损耗非均匀性的参数之多，而事实上这些参数是通过引起边缘通道和中心通道插损的程度不同来间接影响损耗非均匀性的。

4. 串扰

串扰是衡量不同通道间相互干扰程度的关键性能指标，它是一个通道落入另

一个通道内的最小插损与该通道插损的差值。串扰分为相邻通道串扰（Adjacent Channel Crosstalk）和非相邻通道串扰（Non-Adjacent Channel Crosstalk）。引起串扰的主要因素有：输出波导间模场的弱耦合；阵列波导数过少，输入光场部分被截断，阵列波导不能充分吸收输入光信号，造成输出波导聚焦场旁瓣增加；弯曲波导在非严格单模条件下易激发高阶模，从而引起串扰；在波导连接处或粗糙波导边缘处，光从波导中散射而产生背景辐射。其中输出波导间模场的弱耦合是造成串扰的主要来源，由弱耦合引起串扰的表达式为

$$C = 10\log\left(\frac{c(d)}{c(0)}\right)^2 = 10\log\left(\frac{\int_{-\infty}^{+\infty} E_2(x) E_0(x-d)\mathrm{d}x}{\int_{-\infty}^{+\infty} E_2(x) E_0(x)\mathrm{d}x}\right)^2 \qquad (1.3.8)$$

式中，C 为输出波导间距 $D_i=d$ 之间的相邻通道串扰，其中 $E_0(x)$ 为矩形波导横向模场分布，$E_2(x)$ 为输出波导所接受来自阵列波导聚焦的光场分布，若输入输出波导相同，且输入模场在经过传输后能被输出波导完整复现，则 $E_0(x)=E_2(x)$。

5. 带宽

带宽反应的是器件的滤波特性，带宽大，则会降低波长偏差对插损的影响程度，从而提升通道的稳定性。光强从峰值下降 r dB 时带宽的相关公式为

$$\mathrm{BW} \approx 0.77\frac{\omega_c}{D_i}\Delta\lambda\sqrt{r} \qquad (1.3.9)$$

从上式中可以看出影响带宽的主要因素为输出波导间距 D_i。常用的带宽性能指标有 0.5 dB 带宽、1 dB 带宽和 3 dB 带宽。

6. 通带平坦度

ITU 通带内最大插损 $\mathrm{IL_{max}}$ 与最小插损 $\mathrm{IL_{min}}$ 的差值即为通带平坦度（Ripple），它反映的是通带内插入损耗的起伏程度。通带平坦度与带宽具有一定的关联性，一般情况下带宽越大的通道平坦度越小。

7. 偏振相关损耗

偏振相关损耗指的是在 ITU 通带内由偏振态 TE 模和 TM 模引起的插损差值的最大值。由于波导在正交方向受到大小不等的热应力，由光弹效应引起各方向上的 TE 模和 TM 模的折射率存在差异，从而产生双折射现象，引起 AWG 的偏振相关性。AWG 的偏振相关性还可以通过 TE 模和 TM 模下的波长偏移

差，即偏振相关波长（Polarization Dependent Wavelength，PDW）来反映，如图 1.3.4 所示。

$$PDW = \left| \lambda_{TM} - \lambda_{TE} \right| \qquad (1.3.10)$$

式中，λ_{TE} 和 λ_{TM} 分别为 TE 模和 TM 模两种偏振态下的中心波长。

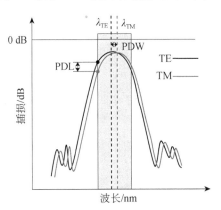

图 1.3.4　AWG 偏振相关性示意图

1.3.2　波分复用/解复用器光学模型

40 通道 100G AWG 的基本结构参数如图 1.3.2 所示，衬底为高纯熔融石英玻璃。初始参数设定如表 1.3.1 所示。

表 1.3.1　40 通道 100G AWG 初始参数

参数名称	参数符号	参数值	参数名称	参数符号	参数值
波长间隔	$\Delta\lambda/\Delta f$	0.8 nm/100 GHz	阵列波导间距	D_o	7 μm
衍射级数	m	24	阵列波导锥形段宽度	W_{ot}	5.5 μm
中心波长	λ_0	1.544526 μm	阵列波导锥形段长度	L_{ot}	1 700 μm
相对折射率差	Δ	1.5%	输入/输出波导间距	D_i	28 μm
阵列波导数	M	450	输入/输出波导锥形段宽度	W_{it}	26 μm
自由光谱区	FSR	64.36 nm	输入/输出波导锥形段长度	L_{it}	700 μm
相邻阵列波导长度差	ΔL	25.45 μm	罗兰圆半径/光栅圆半径	R_i/R_o	14 943 μm/14943 μm
波导截面尺寸	$a \times b$	4.5 μm× 4.5 μm			

1.3.3　AWG 结构参数设计与优化

1. 结构参数对插损的影响机制及规律

图 1.3.5（a）是阵列波导间距 D_o 变化时对 L_o 的影响，其中圆点线是根据式（1.3.2）得出的理论值，而方点线是仿真出来的实际值。由图 1.3.5（a）可知，理论值和实际值具有相似的变化规律，均是随 D_o 的增大 L_o 线性增大，不过理论值偏大于实际值，因为式（1.3.2）是对最大 L_o 的推测。随着 D_o 的增加，阵列波导之间的间隙增大，导致衍射光从间隙中溢散而出，衍射损耗增大。

同理，随着 D_i 的增大衍射损耗也逐渐增大，结果如图 1.3.5（b）所示。为了保证增大 D_o 或 D_i 时不会引起衍射损耗，可增大 W_{ot} 或 W_{it} 来充分接收衍射光，提高衍射效率，降低衍射损耗。此外，W_{ot} 或 W_{it} 越大，锥形段波导与

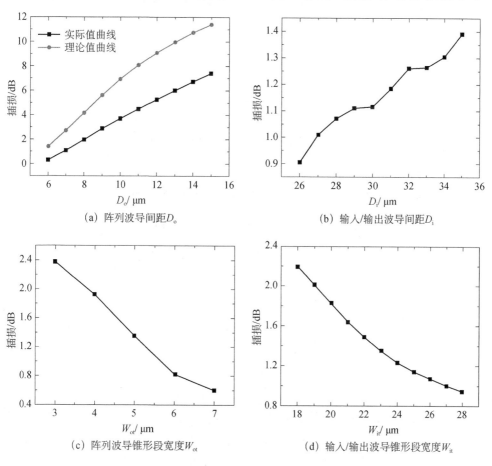

（a）阵列波导间距D_o

（b）输入/输出波导间距D_i

（c）阵列波导锥形段宽度W_{ot}

（d）输入/输出波导锥形段宽度W_{it}

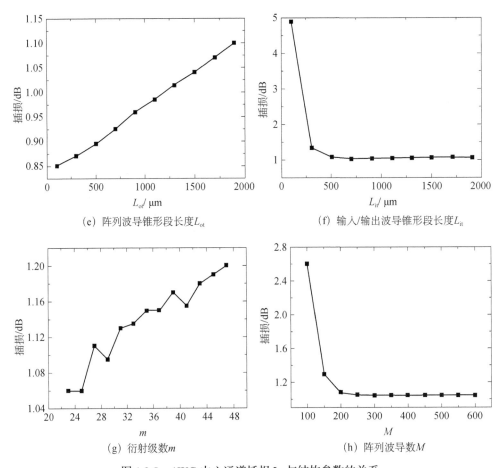

(e) 阵列波导锥形段长度L_{ot}

(f) 输入/输出波导锥形段长度L_{it}

(g) 衍射级数m

(h) 阵列波导数M

图 1.3.5 AWG 中心通道插损 L_o 与结构参数的关系

平板波导的模场匹配效果越好，从而降低模场失配损耗，变化规律如图 1.3.5（c）和（d）所示。需要注意的是，W_{ot} 或 W_{it} 不能增至和 D_o 或 D_i 同样大，因为以目前的制造工艺水平还不能完成，所以波导之间应留有一定的间隙。对于锥形段波导而言，在充分接收衍射光的同时，其还可以使平板波导的模场缓慢地向阵列波导和输出波导过渡，而其中 L_{ot} 和 L_{it} 则影响模场的缓慢变化程度。

由图 1.3.5（f）可知，当 L_{it} 大于某一临界值时，L_o 基本保持不变，这意味着当 L_{it} 增大到一定长度时，模场可以最佳地过渡到输出波导中，而当 L_{it} 继续增加时，模场过渡的优化会很小，甚至会带来其他损耗。

在图 1.3.5（c）中，阵列波导的锥形段宽度从与阵列波导连接的 5.5 μm 变化至与直波导连接的 4 μm，相对于输入/输出波导的从 26 μm 变化至 4.5 μm 来说，其变化幅度非常小，因此使 L_o 达到最小时的 L_{ot} 相对来说非常小。然而，从图 1.3.5（e）可以看出，随着 L_{ot} 的增大 L_o 也随之增大，这是因为 L_{ot} 的增大会使整个阵列波导的光传输路程增长，因此也就增加了 AWG 的传输损耗。

如图 1.3.5（g）所示，L_o 随 m 的增大而不规则地增大，当 m 增大时，衍射效率降低，衍射损耗增大。

如图 1.3.5（h）所示，M 的增加可使阵列波导能够尽可能多地吸收来自输入波导的衍射光，从而提高衍射效率，降低衍射损耗，而当 M 增大到一定数量时，衍射光基本完全被吸收，因此再进一步增大 M 对 L_o 的优化作用并不大。

2. 结构参数对损耗非均匀性的影响机制及规律

图 1.3.6（a）、（b）和（c）分别是 R_i/R_o、m 和 D_o 变化时对插损非均匀性 UNIF 的影响，其中圆点线是根据式(1.3.7)得出的理论值，而方点线则是仿真出来的实际值。

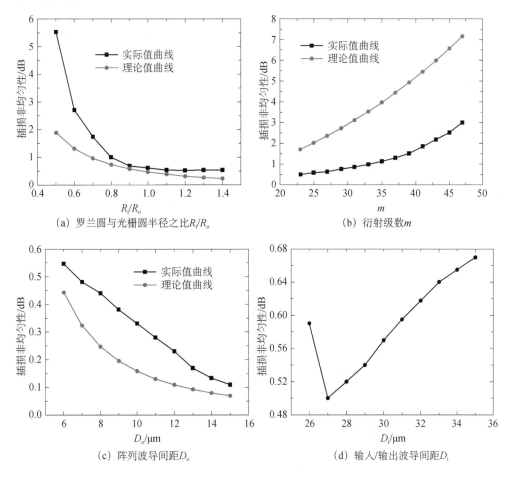

(a) 罗兰圆与光栅圆半径之比 R_i/R_o　　　　　(b) 衍射级数 m

(c) 阵列波导间距 D_o　　　　　(d) 输入/输出波导间距 D_i

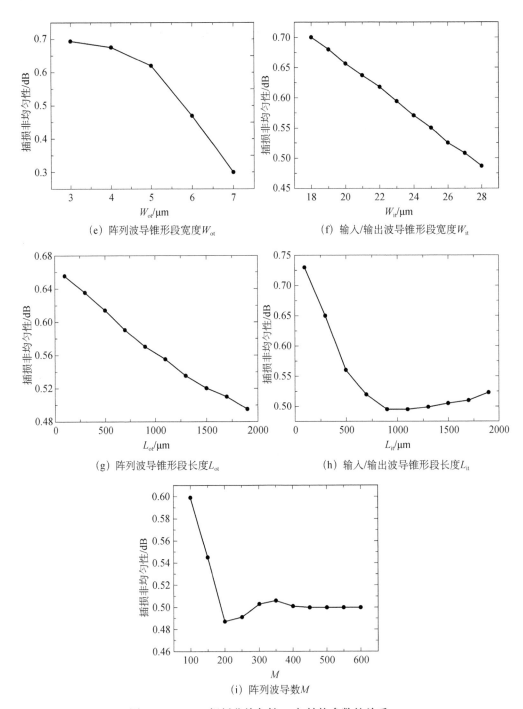

（e）阵列波导锥形段宽度W_{ot}

（f）输入/输出波导锥形段宽度W_{it}

（g）阵列波导锥形段长度L_{ot}

（h）输入/输出波导锥形段长度L_{it}

（i）阵列波导数M

图 1.3.6　AWG 损耗非均匀性 L_u 与结构参数的关系

从图 1.3.6（a）中可以看出，理论值与实际值的变化趋势大致相同，均是随着 R_i/R_o 比值增大，L_u 逐渐减小，而随着比值的增大，L_u 减小得越缓慢，实际值中 L_u 趋于平稳，整体上实际值也大于理论值。在传统阵列波导光栅的设计中，R_i 为 R_o 的一半，但控制 R_o 不变来增大 R_i，可以使罗兰圆变得舒展平缓，有利于输出波导的边缘通道更好地接收来自平板波导的衍射光信号，降低边缘通道插损，从而有效改善 L_u。

图 1.3.6（b）是衍射级数 m 对 L_u 的影响，从图中可以看出理论值与实际值的变化趋势相同，均是随 m 的增大，L_u 逐渐增大，且理论值的增大幅度要大于实际值。从前面的分析可知，m 的增大会导致衍射效率降低，而这对边缘通道的影响程度要大于中心通道，因此 m 的增大会使边缘通道插损的增大幅度大于中心通道，从而增大 L_u。

图 1.3.6（c）是阵列波导间距 D_o 对 L_u 的影响，从图中可以看出理论值与实际值的变化趋势大致相同，均是随着 D_o 的增大，L_u 逐渐减小，不过理论值的变化率逐渐减小，实际值趋近于线性变化，且实际值大于理论值。从图 1.3.6（a）、（b）和（c）来看，理论值与实际值均存在差异，主要原因是理论公式 (1.3.7) 是近似公式，存在其他因素影响下的误差。

如图 1.3.6（d）所示，随着 D_i 的增大，L_u 先减后增，在 $D_i=27\ \mu m$ 时为拐点，D_i 的增大，会使边缘通道更趋于边缘，接收衍射光的效率会降低，导致边缘通道插损增大，从而使 L_u 增大。一般来说，中心通道接收衍射光的效率非常高，且远远高于边缘通道，这是 L_u 产生的原因之一。然而，当结构变化，如增大 W_{ot} 或 W_{it} 导致接收衍射光的效率增大时，中心通道接收衍射光效率的增量则会小于边缘通道，从而使 L_u 减小，结果如图 1.3.6（e）和（f）所示，随着 W_{ot} 或 W_{it} 的增大，L_u 随之减小。

如图 1.3.6（g）所示，通过计算，在 L_{ot} 的变化范围内，阵列波导光栅边缘通道的损耗仅增加了 0.06 dB，而其中心通道的损耗则相对应地增加了 0.25 dB，通过分析表明，L_{ot} 的增大使传输损耗增大对于边缘通道的影响要小于中心通道。

如图 1.3.6（h）所示，对于中心通道和边缘通道，随着 L_{it} 的增大，边缘通道的插损优化效果略高于中心通道。当 L_{it} 增加到一定值时，输出通道与平板波导的模场匹配达到最优，因此继续增加 L_{it} 对 L_u 的优化效果并不明显。

如图 1.3.6（i）所示，随着 M 的增加，L_u 急剧下降，然后再缓慢变化，最后趋于稳定不变，这说明输入光场的部分被截断对边缘通道的影响要远远大于对中心通道的影响。从对图 1.3.6（e）到图 1.3.6（i）五幅图的分析中可以看出，任何对整个阵列波导光栅的输出通道插损有优化作用的结构变化，边缘通道的插损优化程度均大于中心通道的优化程度。

3. 结构参数对相邻通道串扰的影响机制及规律

由式（1.3.8）分析可知，随着波导间距的增大，波导之间的相互耦合会减弱，而这在输出波导中得到了很好的体现，结果如图 1.3.7（b）所示，随着 D_i 的增大，相邻通道串扰逐渐减小，且减小幅度越来越小，当间距足够大时，两相邻输出波导的相互干扰程度微乎其微，串扰也就越来越小。

如图 1.3.7（a）所示，随着 D_o 的增大，相邻通道串扰波动性变化，主要原因是尽管 D_o 的增大会减弱相互耦合，但由于 D_o 较小，从阵列波导间隙中溢散出的衍射光会再次进入波导，形成干扰。另外，相邻通道串扰也指一个信道落入另一个信道的最小插入损耗与该信道插入损耗之间的差值，而 D_o 的增大会对

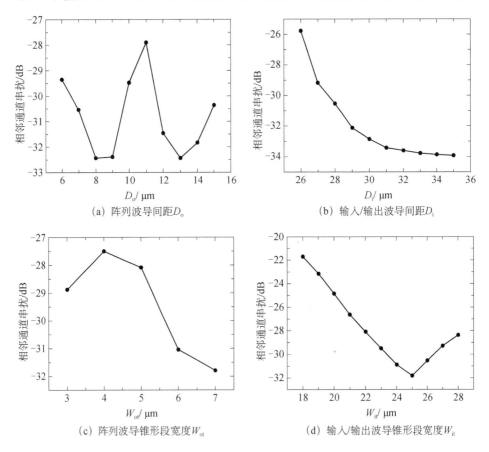

(a) 阵列波导间距 D_o

(b) 输入/输出波导间距 D_i

(c) 阵列波导锥形段宽度 W_{ot}

(d) 输入/输出波导锥形段宽度 W_{it}

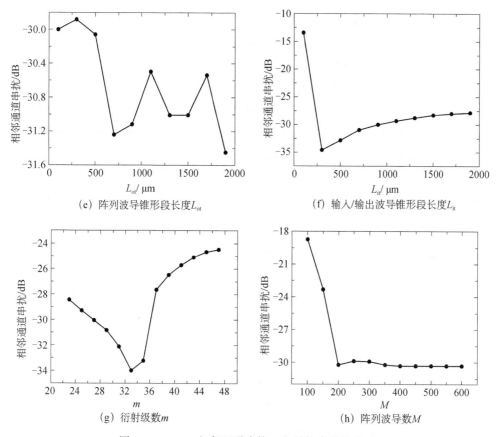

（e）阵列波导锥形段长度L_{ot}　　　　（f）输入/输出波导锥形段长度L_{it}

（g）衍射级数m　　　　（h）阵列波导数M

图 1.3.7　AWG 相邻通道串扰 C 与结构参数的关系

插入损耗有很大的影响，插入损耗也间接影响相邻通道串扰。因此，D_o 对相邻通道串扰的影响比较复杂，很难有规律可循。然而，如图 1.3.7（a）所示，相邻通道串扰可以通过寻找谷点来优化。从对图 1.3.7（a）和（b）的分析可以看出，虽然增加波导间距会减弱波导之间的相互耦合，但如果波导间距过小，就会引起其他干扰，而这并不一定会减弱相邻通道串扰。因此，只有当波导间距较大时，增加波导间距才能减小干扰，优化相邻通道串扰。事实上，相邻通道串扰和波导宽度也有一定的关系，但由于模场主要分布在波导的中心区域，弱耦合仍然取决于波导间距。

如图 1.3.7（c）和（d）所示，当波导间距一定时，增大 W_{ot} 或 W_{it} 则会增加波导间的耦合，但锥形段宽度是逐步减小的，这使锥形段宽度对相邻通道串扰的影响变小。此外，随着 W_{ot} 或 W_{it} 的增大，来自波导间隙的衍射光将减少，且插损变小，这将极大地优化相邻通道串扰。

如图 1.3.7（e）所示，相邻通道串扰随着 L_{ot} 的增大而波动性变化，最大波动值约为 1.8 dB，说明 L_{ot} 对相邻通道串扰的影响很小。如图 1.3.7（f）所示，存在 L_{it} 在一定值时相邻通道串扰达到最小，且当 L_{it} 大于该值时，相邻通道串扰随着 L_{it} 的增大而缓慢增加。当 L_{it} 较大时，增大 L_{it} 则会增加波导之间相互干扰的程度，如波导间的相互辐射。从对图 1.3.7（c）到图 1.3.7（f）的分析可知，锥形段通过有效降低光场耦合的方式对相邻通道串扰进行优化。

如图 1.3.7（g）所示，随着 m 的增加，相邻通道串扰先减后增，当 m=33 时，相邻通道串扰达到最小。如图 1.3.7（h）所示，随着 M 的增加，相邻通道串扰先急剧下降，然后趋于稳定。当阵列波导数过少时，输入光场被部分截断，使得输出波导聚焦场旁瓣增大。

4. 结构参数对带宽的影响机制及规律

图 1.3.8（b）反映的是 D_i 变化时对 3 dB 带宽的影响，其中圆点线是根据式（1.3.8）得出的理论值，而方点线则是仿真出来的实际值，可以看出，理论值和实际值具有相似的变化规律，均是随着 D_i 的增大，3 dB 带宽基本上线性减小，且实际值与理论值很接近。从图 1.3.8（a）、（d）、（e）和（f）中可以看出，D_o、W_{it}、L_{ot} 和 L_{it} 都与 3 dB 带宽成正比，其中 D_o 与 3 dB 带宽近似呈线性关系，随着 W_{it} 或 L_{ot} 的增加，3 dB 带宽先缓慢增加后急剧增加，而对于 L_{it} 而言，3 dB 带宽先急剧增加，然后慢慢增加，最终趋于稳定。从前面对其他光学性能的分析可知，当 L_{it} 为 750 μm 左右时，AWG 各方面的光学性能均能达到最优，而后随着 L_{it} 的增大，对光学性能的影响则很小，这说明 L_{it} 有一个临界值使光学性能达到最优。如图 1.3.8（g）所示，m 对 3 dB 带宽几乎没有影响。M 对 3 dB 带宽影响的机制与前面的分析相同，结果如图 1.3.8（h）所示。从图 1.3.8（d）和（f）可

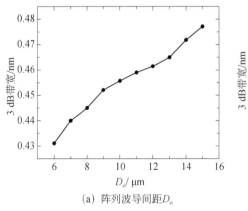

(a) 阵列波导间距 D_o

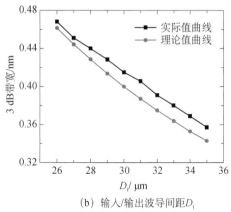

(b) 输入/输出波导间距 D_i

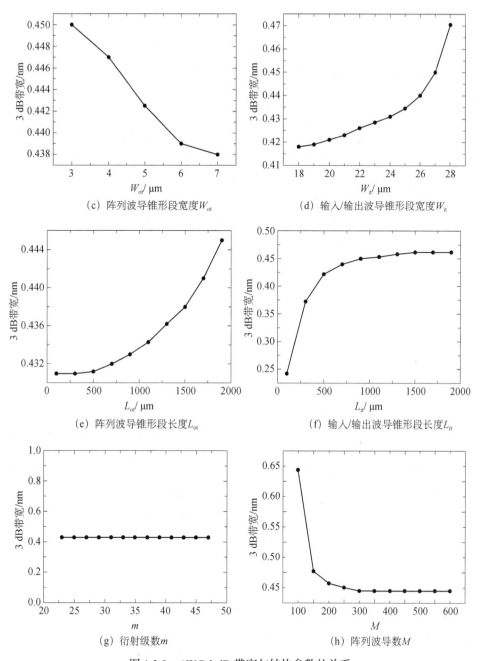

（c）阵列波导锥形段宽度W_{ot}

（d）输入/输出波导锥形段宽度W_{it}

（e）阵列波导锥形段长度L_{ot}

（f）输入/输出波导锥形段长度L_{it}

（g）衍射级数m

（h）阵列波导数M

图 1.3.8　AWG 3 dB 带宽与结构参数的关系

以看出，W_{it} 和 L_{it} 的增大对 3 dB 带宽有很大的影响，其影响机制与多模干涉耦合器的工作原理相同，当 W_{it} 增大到一定值时，经锥形段传输后，光场变为由两个高斯场叠加而成的驼峰场，与波导的基模场耦合后形成平坦的光谱，而 W_{it} 和 L_{it}

的设计则影响驼峰场，从而影响 3 dB 带宽。

1.3.4 高斯型与平顶型 AWG 优化设计

目前常规使用的 AWG 输出光谱分为高斯型和平顶型两种。高斯型 AWG 的插损和串扰等主要光学性能优越，且设计相对简单，但其通道中心波长精度对外界环境如温度和光源等变化敏感，易发生波长漂移，而这会劣化 AWG 的光学性能，影响 AWG 系统的稳定性，限制 AWG 器件在光纤通信中的应用功能和范围。而平顶型 AWG 的出现则解决了高斯型存在的问题。平顶型 AWG 使输出光谱平坦化，增大 AWG 带宽，降低了系统对波长准确性的要求。

1. 高斯型

基于前面所分析的 AWG 结构参数对其光学性能的影响机制、规律以及敏感性，总结出 AWG 的优化方法及流程。根据前面的分析可知，随着 m 的减小，插损和损耗均匀性均会随之减小，而为了保证较小的损耗均匀性，通常输出波导数 N_{out} 与输出通道数 N 的关系为

$$N_{out} = (0.5 \sim 0.6) \times N \qquad (1.3.11)$$

当输出波导数 N_{out} 为 40 时，则输出通道数 N 计算为 66～80，衍射级数范围为 29～24，考虑 m 对 AWG 其他光学性能的影响，折中选取 $m=27$，即通道数为 71。此外，在保证 R_o 不变的情况下，增大 R_i 对损耗非均匀性影响的敏感度是最大的。R_i 的增大会使输出波导所在的弧线越来越平滑，从而使边缘通道更容易接收衍射光，减小边缘通道损耗，进而优化损耗非均匀性。传统设计中 R_i 为 R_o 的一半，而本案例设计 $R_i/R_o = 1.2$，可将损耗非均匀性优化 4 dB 左右。这种方法既不会增大 AWG 的尺寸，也不会对 AWG 的其他性能产生影响，是优化损耗非均匀性的首选方法。

对插损影响最大的结构参数之一为 D_o，D_o 越小，插损性能越好。此外，D_o 通过影响 R_o 对整个 AWG 的尺寸产生很大的影响，D_o 越小，AWG 的尺寸越小。因此，在设计中若想单方面优化插损，可在合理的设计情况下将 D_o 设计到最小。然而，由于 D_o 对中心通道插损和边缘通道插损优化程度不同，在 m 从初始值 24 增至 27 时，D_o 的减小则会进一步增大 L_u，而当前最好的商用 40 通道 100G AWG 的 L_u 约为 0.57 dB，这是减小 D_o 后不能满足的。通过前面的分析发现，减小输出波导锥形段的 W_{it} 会增大通道的插损，为此，可通过将 D_o 尽量减

小，使 AWG 所有通道的插损均减小，然后通过减小中心处波导的 W_{it} 来增大中心通道的插损，从而达到优化 L_u 的目的。通过这种方法，理论上可以将 L_u 优化至 0，但应注意的是减小 W_{it} 会对相邻通道串扰和带宽产生影响，因此中心处波导的 W_{it} 不宜减小过多，能使 L_u 达到要求即可。采用此方法，本案例可设计 D_o 为 5.5 μm(D_o 过小会对相邻通道串扰产生严重影响)，此外，由前面的分析可知，锥形段宽度越大，耦合效率越高，AWG 各方面的光学性能越好，因此设计 W_{ot} 为 4 μm（本案例中的 AWG 为保证单模传输的条件条形波导的最大截面尺寸为 4.5 μm×4.5 μm，此外，为保证工艺方面可以实现，波导间应至少留有 1.5 μm 的间隙）。

在插损和损耗非均匀性得到保证后，接下来将对相邻通道串扰进行优化。从前面对相邻通道串扰的分析可知，输入/输出波导与平板波导的耦合结构对相邻通道串扰有着很大的影响。D_i 的增大会减小相邻通道串扰，但是也会对插损和带宽带来不好的影响，此外还会增大 AWG 的尺寸。因此可根据 AWG 所需相邻通道串扰的大小来设计 D_i。值得注意的是，无论 D_i 如何变化，W_{it} 都是越大越好，所以在保证波导间隙至少留有 1.5 μm 的情况下，设计 W_{it} 与 D_i 相差 2 μm（后续的波长偏差优化会缩短波导间距）。ITU 规定相邻通道串扰最大为−25 dB，本案例要求 AWG 的相邻通道串扰达到−30 dB，为此通过仿真可设计 D_i=24 μm，W_{it}=22 μm。而根据前面的设计要求，需要减小中心处波导的 W_{it} 来优化损耗非均匀性，因此本案例设计输出波导 W_{it} 的范围在 17～22 μm（从边缘波导到中心波导 W_{it} 逐渐减小），可将 L_u 优化至 0.5 dB。通常，中心通道的相邻通道串扰要小于边缘信道的相邻通道串扰，而通过减小中心处输出波导的 W_{it} 来优化损耗非均匀性后，AWG 的最大相邻通道串扰仍满足小于−30 dB 的要求。由前面的分析可知，L_{it} 对 AWG 的光学性能的优化存在最优值，因此设计中只需通过仿真找到 L_{it} 的最优值，既可以优化 AWG 的光学性能，也可控制 AWG 的尺寸。

根据阵列波导光栅方程可计算出阵列波导完全吸收衍射光所需的阵列波导数最小数量表示为 541，但前面的仿真结论显示，当阵列波导数大于 300 后，AWG 的光学性能均达到最优，且继续增大阵列波导数后光学性能保持稳定不变。如图 1.3.9 所示，实际上，输入衍射光主要由位于中心的阵列波导接收，并且越靠近边缘波导，衍射光分布越少。当衍射光小于一定程度时，这部分衍射光对 AWG 的光学性能影响很小，因此，这部分衍射光可以被忽略而不被吸收，而这就可以减小阵列波导数，大大优化 AWG 的尺寸。

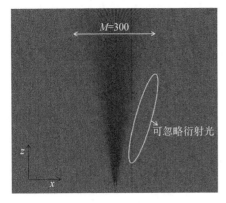
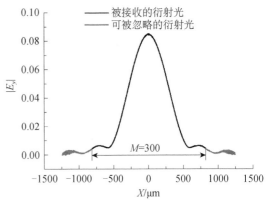

(a) 输入平板波导中的衍射光　　　　(b) 输入平板波导与阵列波导间界面处的光强

图 1.3.9　阵列波导数 $M=300$ 时的输入衍射光（彩图请扫封底二维码）

本案例通过综合设计 m 和修正中心处波导 W_{it} 来优化损耗非均匀性；通过最小化 D_o 来优化插损和 AWG 尺寸；通过控制 R_o 不变，增大 R_i/R_o 的方法对插损和损耗非均匀性均具有很大的优化作用；通过所需相邻通道串扰来设计 D_i。锥形段宽度 W_{it} 和 W_{ot} 越大，AWG 各光学性能越好，但为了保证 AWG 的制造工艺能实现，波导间应留有最小加工间隙。而对于 M 和 L_{it} 则存在最优值，既可使各光学性能达到最优，又可以减小 AWG 尺寸。而在优化后，AWG 的其他光学性能，如带宽和通道平坦度等，均能满足要求。对 40 通道 100G 高斯型 AWG 的优化方法及流程如图 1.3.10 所示。此外，为防止单根输入波导在工艺制作中出现被污染或断裂而导致光信号无法正常输入的现象，设计多根同间距分布在输入端口的相同输入波导，使光信号的输入有多余的端口选择。

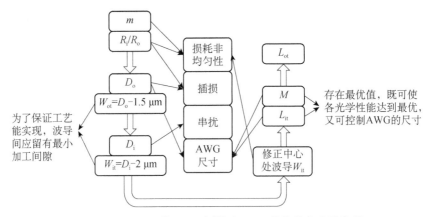

图 1.3.10　40 通道 100G 高斯型 AWG 的优化方法及流程

2. 平顶型

实现 AWG 平坦化的方法有很多种，常用方法之间的比较如表 1.3.2 所示。在众多实现 AWG 平坦化的方法中，多模干涉（Multi-Mode Interference，MMI）耦合器法因其显著的优点而成为目前实现 AWG 平坦化的主流方法，因此本案例采用 MMI 结构，在前面已优化好的高斯型 AWG 的基础上进行平顶型 AWG 的设计与优化。

表 1.3.2 AWG 实现平坦化的各种方法

方法名称	方法特点
Y 分支法	在器件输入端设计 Y 分支结构波导，Y 分支两输出端需相离很近，使输入光场变成双像。该方法易使器件结构尺寸过大，不紧凑
多模波导法	在器件输出端用多模波导结构替换单模波导。输出光信号只能耦合进多模光纤，不能与其他器件耦合
级联法	将衍射效率相同的两个分别为 1×N 和 N×N 的 AWG 相连，其中 1×N 阵列的像作为 N×N 阵列的源。该方法使器件尺寸增大，同时插损也大
多罗兰圆法	将阵列光栅设计在多个位置不同且错开一定距离的罗兰圆上，目的是在不同的焦平面上聚焦相同波长的衍射峰。该方法设计较为复杂，且插损较大
MZI-AWG 法	将 MZI 替换 AWG 的输入端。该方法带来的插损低，且平坦性好，但设计复杂
MMI 法	在输入波导与平板波导的连接处设计 MMI 结构。该方法具有结构紧凑、平坦性好、实用性强、制作容差大、工艺简单及对偏振不敏感等优点，但会增加耦合损耗

MMI 的工作原理是基于多模波导的自映像效应，它是多模波导中被激励起来的多个模式间相长性干涉的结果。如图 1.3.11 所示，根据自映像效应，输入光场经 MMI 传输后形成两个高斯光场相加的驼峰场（双峰场），后与输出波导的基模场耦合形成平坦光谱，其中的过程可由式（1.3.12）表示

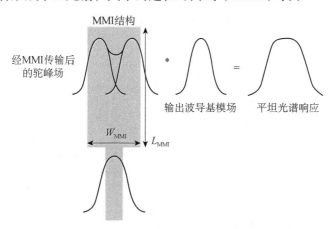

图 1.3.11 AWG 输出光谱平坦化原理

$$T(\Delta f) = \left| \int_{-\infty}^{+\infty} U_{\text{image}}(y - D\Delta f) U_{\text{o}}(y) \mathrm{d}y \right|^2 \qquad (1.3.12)$$

式中，$T(\Delta f)$ 为 AWG 的输出光谱，U_{image} 为高斯场叠加后的驼峰场，U_{o} 则是输出波导的基模高斯场，D 为线色散系数，$\Delta f = f - f_{\text{o}}$ 为频率变化。

MMI 结构简单，其结构形状一般有矩形、抛物线形、指数形和锥形等。本案例以矩形 MMI 作为设计对象，如图 1.3.11 所示，其结构参数包括宽度 W_{MMI} 和长度 L_{MMI}，二者之间的关系为

$$L_{\text{MMI}} = \frac{1}{N} \frac{n_1}{\lambda_{\text{o}}} \left(W_{\text{MMI}} + \frac{\lambda_{\text{o}}}{\pi} \left(\frac{n_2}{n_1} \right)^{2\sigma} \sqrt{n_1^2 - n_2^2} \right)^2 \qquad (1.3.13)$$

式中，对于 TE 模，$\sigma = 0$，对于 TM 模，$\sigma = 1$；N 是 MMI 中的成像个数，若要生成驼峰场，则 N 取 2。上式是 MMI 满足输出多像的理论公式，最终输出的像还需与输出波导的高斯基模场卷积耦合形成输出平坦光谱。事实上，并不一定需要 MMI 输出驼峰场，只需要最终卷积耦合得出的输出光谱的带宽满足要求即可。但式（1.3.13）对于本案例设计平顶型 MMI 仍具有重要指导意义，其中 L_{MMI} 和 W_{MMI} 的关系为本案例设计平顶型 AWG 缩小了设计范围。

为降低系统对波长准确性的要求，通过设计 MMI 来增大 AWG 的带宽，使输出光谱平坦化，但这同时也会增大 AWG 的通道插损。因此，本案例采用 MMI 法来设计平顶型 AWG，主要优化带宽和插损两个光学性能参数。由于中心通道的插损和带宽均优于边缘通道，所以接下来的优化设计均以边缘通道作为分析对象。

图 1.3.12 为 MMI 置于输入端的实现 AWG 输出光谱平坦的结构示意图，接下来在此设计的基础上，对 MMI 的结构参数 W_{MMI} 和 L_{MMI} 进行优化设计。

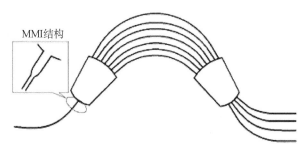

图 1.3.12　MMI 置于输入端的 AWG 结构示意图

理论上，MMI 的最小宽度应大于或等于 AWG 直波导的最大宽度才可输

出驼峰场，而前面优化的高斯型 AWG 的最大波导宽度为 22 μm，因此在此基础上，利用控制变量法，根据式（1.3.13），设 L_{MMI}=500 μm，探索 W_{MMI} 的最优值，仿真结果如图 1.3.13 所示。从图 1.3.13 中可以看出，当 W_{MMI} 为 22 μm 和 26 μm 时，输出光谱的平坦度最小，并未出现明显的驼峰状（双峰状），且插损相对其他情况下较大，由此分析可知，当 W_{MMI} 过大或过小时，AWG 的输出光谱的平坦度和插损均较差。根据 MMI 的结构关系式（1.3.13）可知，当 W_{MMI} 过大时，要想出现驼峰状输出光谱，相应的 L_{MMI} 也需要增大，但实际情况下 L_{MMI} 偏小。而当 W_{MMI} 过小时，由 MMI 产生的双像之间的距离就会减小，甚至会变成单像。当双像距离小到一定值时，与输出波导的基模高斯场卷积耦合并不会产生明显的驼峰状光谱。因此当 L_{MMI} 为定值时，要使 AWG 输出光谱的平坦度和插损达到最优，W_{MMI} 并不是越大或越小越好，而是存在一个优值，而从图 1.3.13 中可知，当 W_{MMI} 为 24 μm 时，输出光谱出现明显的驼峰状，平坦度好，带宽大，且插损小，因此设定 W_{MMI}=24 μm。

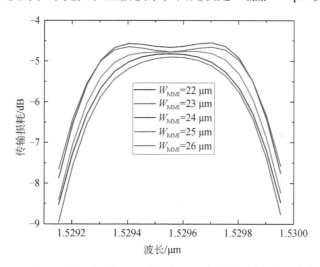

图 1.3.13　L_{MMI}=500 μm 时，不同 W_{MMI} 的 AWG 输出光谱图（彩图请扫封底二维码）

在 W_{MMI} 确定后，利用控制变量法，优化 L_{MMI}，结果如图 1.3.14 所示。当 L_{MMI} 为 300 μm 时，输出光谱为高斯状，而随着 L_{MMI} 的增大，输出光谱的平坦度先增后减，其变化规律和控制 L_{MMI} 不变、变化 W_{MMI} 时的 AWG 输出光谱图的规律一致。也就是说，L_{MMI} 并不是越大或越小，输出光谱的平坦度和插损就越好，原因和前面的分析相同。从图 1.3.14 中可知，相对其他情况下，当 L_{MMI} 为 400 μm 时，输出光谱出现明显的驼峰状，平坦度好，带宽大，且插损小，因

此设定 L_{MMI}=400 μm。

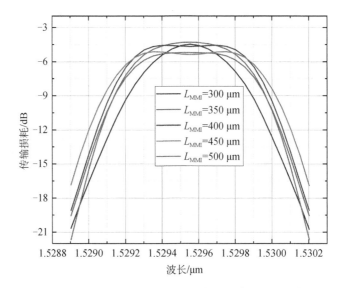

图 1.3.14　W_{MMI}=24 μm 时，不同 L_{MMI} 的 AWG 输出光谱图（彩图请扫封底二维码）

在前面对 MMI 的优化设计中，MMI 均是与输入直波导直接相连，而这种结构上的突变，会导致耦合损耗的增大。因此需在 MMI 与输入直波导的连接处用渐变波导来进行过渡。如图 1.3.15 所示，渐变波导的形状一般包括线性形（锥形）、抛物线形、指数形，同时，其长度 L_t 的变化也会对光学性能产生一定的影响。对渐变波导的形状及长度进行优化分析，以得到最佳的平顶型 AWG 的光学性能，仿真结果如图 1.3.16 所示。

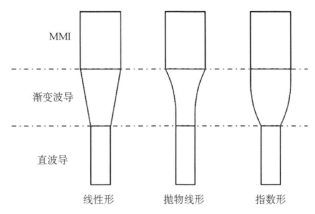

图 1.3.15　不同形状的渐变波导结构示意图

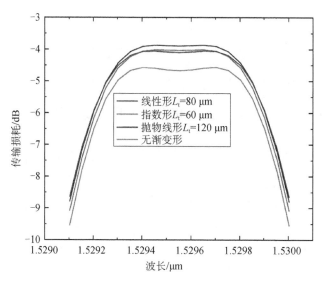

图 1.3.16　不同形状的渐变波导下 AWG 的输出光谱图（彩图请扫封底二维码）

图 1.3.16 是在不同形状的渐变波导，其最佳长度 L_t 下的 AWG 输出光谱图。直波导与 MMI 结构之间有无渐变波导的连接对插损的影响很大。其次，不同形状的渐变波导，使平顶型 AWG 的光学性能达到最佳的 L_t 也不同。最后，几种不同形状的渐变波导下的输出光谱相差不大，但线性形渐变波导的插损要小一点，因此设定直波导与 MMI 结构之间的过渡波导为线性形渐变波导，长度 L_t=80 μm。

综上设计后，得出平顶型 AWG 的插损大小为 3.91 dB，1 dB 带宽为 0.47 nm，3 dB 带宽为 0.73 nm，达到设计要求。

1.3.5　案例小结

本案例采用实践教学的方法，以典型集成光子器件——40 通道 100G AWG 芯片设计为例，借助 BeamPROP 光子器件集成仿真平台，对典型集成光子器件——40 通道 100G AWG 芯片进行了结构参数优化设计，分析了 AWG 结构参数对其光学性能的影响规律和机制性，并在此基础上，提出了一些改进和创新的技术以及优化流程，以得出光学性能优越的 AWG 芯片。

1.3.6　案例使用说明

1. 教学目的与用途

本案例旨在让学生了解和掌握波分复用/解复用器件工作原理和设计方法，

以及结构参数对典型波分复用结构——阵列波导光栅光学性能的影响机制和规律，进而了解和掌握波分复用技术在光纤通信技术中的应用。

2. 涉及知识点

光波传输原理、光束传播法（BPM）、平面光波导回路（PLC）、阵列波导光栅。

3. 配套教材

[1] 吴瑶. 40 通道 100G 阵列波导光栅芯片设计与优化研究. 长沙：中南大学，2021

[2] Chrostowski L，Hochberg M. Silicon Photonics Design：Form Devices to Systems.Cambridge: Cambridge University Press，2015

[3] 赫罗斯托夫斯基 L，霍克伯格 M. 硅光子设计——从器件到系统. 郑煜，蒋连琼，郜飘飘，等译. 北京：科学出版社，2021

4. 启发思考题

（1）白光通过三棱镜会有什么现象？

（2）20 世纪 90 年代全球为什么会出现"光纤泡沫"？

（3）波分复用为什么可以提高传输容量？

（4）目前光纤通信技术发展的瓶颈是什么？可能解决的办法有哪些？

5. 分析思路

以"白光通过三棱镜"引出光波波长分配，然后介绍光纤通信技术几次跨越式发展。穿插"波分复用之父"——厉鼎毅先生的学术成就，华人科学家和中国科学家在光纤通信技术领域做出了很多成就，激发学生勇攀科研高峰。接着，介绍波分复用技术在光纤通信系统增容提速方面的作用，最后介绍其典型器件——阵列波导光栅的结构及其基本参数，通过光束传播法（BPM）探明结构参数对阵列波导光栅光学特性的影响机制和规律。

6. 理论依据

1）阵列波导光栅（AWG）工作原理

AWG 作为一种角色散型无源光器件，是由一组具有相等长度差的阵列波导形成的光栅，如图 1.3.17 所示，其组成系统包括输入/输出波导（Input/Output Waveguide）、输入/输出平板波导（Input/Output Slab Waveguide）和阵列波导（Arrayed Waveguide）5 个部分。AWG 的复用和解复用原理是基于罗兰圆（Rowland Circle）结构，如图 1.3.18 所示，光栅圆的直径是罗兰圆的 2 倍，输入/输出平板波导由光栅圆凹面反射和罗兰圆组成，输入/输出波导等间距分布在罗兰圆上，阵列波导等间距分布在光栅圆的凹面上，如图 1.3.19 所示。光栅圆的凹面具有聚焦和衍射成像两种功能，当在罗兰圆的圆周上随意一点发射出光束时，通过光栅圆的凹面反射后，光束再次聚焦于罗兰圆的另一点上，其中衍射角度取决于衍射级数。

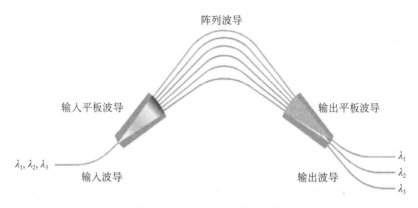

图 1.3.17　AWG 工作原理图

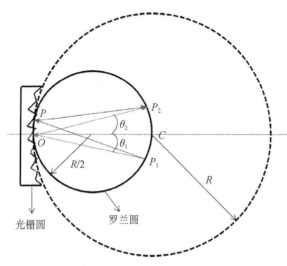

图 1.3.18　罗兰圆结构原理图

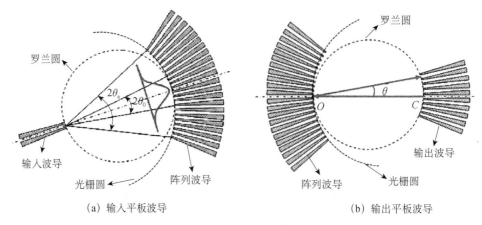

（a）输入平板波导　　　　　　　　　　　　　（b）输出平板波导

图 1.3.19　AWG 平板波导结构示意图

基于以上传输原理，通过输入波导传输含有多个波长的复合光信号，在输入平板波导处发生衍射并等相位耦合进入阵列波导并在其中传输，由于相邻阵列波导的长度差是固定不变的，使经阵列波导传输的不同光信号产生不同的相位差，最后在输出平板波导处再次发生衍射并聚集到不同的输出波导位置，完成了波长分配及解复用功能。而以上过程的逆过程便是 AWG 的复用功能。

2）阵列波导光栅（AWG）设计原理

（1）光栅方程。

AWG 作为一种光栅器件，其传输的基础则是光栅方程。对于不同的光栅器件，光栅方程大同小异，但基本原理均为光栅器件中传输的光只有在其光程相差整数倍时才能产生干涉或衍射，并使之增强。光栅方程是由光在相邻传输路线上的光程之差推导而来的，其理论公式为

$$m\lambda = n_s D_o \sin\theta_i + n_c \Delta L + n_s D_o \sin\theta_o \tag{1.3.14}$$

式中，m 为衍射级数，λ 为成像位置所对应的波长，n_s 和 n_c 分别为平板波导和矩形波导的有效折射率，D_o 为阵列波导间距，ΔL 为相邻阵列波导长度差，θ_i 和 θ_o 分别为入射角和出射角。一般情况下，θ_i 和 θ_o 都很小，因此式（1.3.14）可近似为

$$m\lambda = n_s D_o \theta_i + n_c \Delta L + n_s D_o \theta_o \tag{1.3.15}$$

对于中心波长为 λ_0 的光信号，其 θ_i 和 θ_o 均为 0，由此可得出相邻阵列波导长度差：

$$\Delta L = \frac{m\lambda_0}{n_c} \tag{1.3.16}$$

光栅方程是 AWG 其他理论方程的基础，通过光栅方程，可以推导出角色散方程、波长分配和自由光谱区等方程。

（2）角色散方程。

对于从中心通道入射的 λ 波长光信号，其入射角 $\theta_i=0$，而出射角 θ_o 和有效折射率 n_s 和 n_c 均是波长 λ 的函数，则式（1.3.15）对波长 λ 求导并整理可得

$$\frac{\mathrm{d}\theta_o}{\mathrm{d}\lambda} = \frac{mn_g}{n_s n_c D_o} \qquad (1.3.17)$$

上式即为 AWG 的角色散方程，式中 n_g 为群折射率

$$n_g = n_c - \lambda \frac{\mathrm{d}n_c}{\mathrm{d}\lambda} \qquad (1.3.18)$$

由导数的性质，式（1.3.17）可近似为

$$\Delta\lambda = \frac{n_s n_c D_o}{mn_g}\Delta\theta_o = \frac{n_s n_c D_o}{mn_g} \cdot \frac{D_i}{R_o} \qquad (1.3.19)$$

式中，D_i 为输出波导间距，R_o 为光栅圆半径/平板波导焦距。式（1.3.19）表达的物理意义为相同波长间隔 $\Delta\lambda$ 的光信号从所对应的相同间隔的输出位置输出。将上式进行转换即可得到平板波导焦距 R_o 的求解公式

$$R_o = \frac{n_s n_c D_o D_i}{mn_g\Delta\lambda} \qquad (1.3.20)$$

（3）波长分配原理。

波长分配原理指的是当 AWG 为对称结构，即输入和输出波导间距相等时，复合光信号从第 i 个输入波导入射，再从第 j 个输出波导输出时的波长为

$$\lambda_{i \to j} = \lambda = \lambda_0 + (i+j)\Delta\lambda , \quad i,\ j=\pm 0,\ 1,\ 2,\ 3,\ \cdots \qquad (1.3.21)$$

上式说明输出光信号的波长不仅与输出波导位置有关，还与复合光信号所入射的输入波导位置有关。当复合光信号由中心输入波导入射时，即 $i=0$ 时，可得

$$\lambda_{0 \to j} = \lambda = \lambda_0 + j\Delta\lambda , \quad j=\pm 0,\ 1,\ 2,\ 3,\ \cdots \qquad (1.3.22)$$

由此可得输出波导各通道的波长是由中心通道波长 λ_0 往边缘分配的。

（4）自由光谱区。

自由光谱区（Free Spectral Range，FSR）是指在输出光谱的空间范围内，在相邻衍射级数即 m 和 $m+1$(或 $m-1$)时所对应的衍射峰之间的波长范围，其表达式为

$$\mathrm{FSR} = \frac{\lambda_0 n_c}{mn_g} \qquad (1.3.23)$$

（5）输出通道数。

AWG 的输出通道数 N 受 FSR 的限制，两者之间的关系为

$$N \leqslant \frac{\text{FSR}}{\Delta \lambda} = \text{int} \left[\frac{\lambda_0 n_c}{m n_g \Delta \lambda} \right] \qquad (1.3.24)$$

为避免不同衍射级数的光信号产生重叠现象，AWG 的通道数 N 不可超过其最大通道数，即 FSR/$\Delta \lambda$。

（6）阵列波导数。

为使从输入波导衍射而来的衍射光不被溢散出平板波导，则使衍射光能够完全被吸收的最小阵列波导数 M_{min} 为

$$M_{min} = \text{int} \left(\frac{\lambda_0}{\pi n_s \omega_e \arcsin \left(\frac{D_o}{2R_o} \right) \frac{\pi}{180}} \right) + 1 \qquad (1.3.25)$$

式中，ω_e 为模场半径，指的是最大光功率下降 $1/e^2$ 时波导模场的有效宽度。

3）光束传播法（BPM）

光束传播法（BPM）计算原理见 1.1.2 节介绍。

7. 背景信息

见案例 1.3 节引言。波分复用技术是华人科学家厉鼎毅先生在贝尔实验室工作期间发明的。20 世纪 80 年代末，厉先生和他的团队在贝尔实验室开发出了世界上第一套 WDM 波分复用系统，这套系统在 1992 年每通道速率达 2.5 Gb/s。1997 年美国世界通信公司开通了第一条商用的 WDM 线路。光纤通信系统的速率从单波长的 2.5Gb/s 和 10Gb/s 爆炸性地发展到多波长的 Tb/s（1Tb/s=1000Gb/s）传输，当今实验室光系统速率已达 Pb/s 传输（图 1.3.20）。

自 1880 年美国物理学家罗兰设计出罗兰圆结构后，Smit 等于 1988 年在此基础上首次提出了 AWG 的概念，从此 AWG 登上了光通信的大舞台，此后，AWG 的发展与研究在各大研究机构中呈现出群雄逐鹿的发展现象。

随着 5G 时代的到来，AWG 的发展更是迎来了一片春天，由北京恒州博智国际信息咨询有限公司发布的"全球及中国无热 AWG 市场现状调研与发展前景分析报告"表明，2019 年全球 AWG 的市场价值为 9760 万美元，而根据预测，到 2025 年底，AWG 的市场价值将达到 1.698 亿美元，年复合增长率将会达到 9.7%，且市场销量将达到 189 万个，这直接表明了 AWG 在光通信和传输领域中的应用将是推动光器件市场增长的一个重要因素。

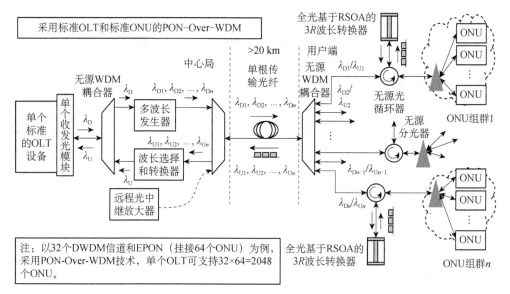

图 1.3.20　波分复用技术在接入网中的应用

8．关键要点

（1）不同的结构参数对 40 通道 100G AWG 芯片的光学性能，如插损、波长相关损耗、偏振相关损耗的影响规律、机制和敏感性。

（2）考虑制造工艺容差，AWG 芯片结构参数容差。

（3）高斯型和平顶型 AWG 优缺点及其应用。

（4）AWG 的偏振特性及其调控。

9．课堂计划建议

课堂时间 90 min	0～10 min	学生围绕白光通过三棱镜的现象自由讨论
	10～60 min	采用光束传播法分析研究不同结构参数对 40 通道 100G AWG 芯片的光学性能的影响规律和机制
	60～80 min	结合制造工艺容差，讲述芯片结构设计容差范围和设计规范
	80～90 min	对案例进行总结。布置设计作业：要求学生在一个星期内设计出一个典型的 8 通道 100G AWG 芯片

参 考 文 献

[1] 孙健，吴远大，吴卫锋，等. 阵列波导光栅解复用器的偏振相关损耗的优化. 中国激光，2020，47（1）：235-239

[2] Smit M K, Dam C V. PHASAR-based WDM-devices: Principles, design and applications. IEEE Journal of Selected Topics in Quantum Electronics, 1996, 2 (2): 236-250

[3] Ojha S M, Cureton C. Simple method of fabricating polarization-insensitive and very low crosstalk AWG grating devices. Electronics Letters, 1998, 34 (1): 78-79

[4] Inoue Y, Ohmori Y, Kawachi M, et al. Polarization mode converter with polyimide half waveplate in silica-based planar lightwave circuits. IEEE Photonics Technology Letters, 1994, 6 (5): 626-628

[5] Watanabe T, Inoue Y. Polymeric arrayed-waveguide grating multiplexer with wide tuning range. Electronics Letters, 1997, 33 (18): 1547-1548

[6] Wildermuth E, Nadler C, Lanker M, et al. Penalty-free polarization compensation of SiO_2/Si arrayed waveguide grating wavelength multiplexers using stress release grooves. Electronics Letters, 2002, 34 (17): 1661-1663

[7] Soldano L B, Pennings E C M. Optical multi-mode interference devices based on self-imaging: Principles and applications. Journal of Lightwave Technology, 1995, 13 (4): 615-627

[8] Kamei S, Kohtoku M, Shibata T, et al. Athermal Mach-Zehnder interferometer-synchronised arrayed waveguide grating multi/demultiplexer with low loss and wide passband. Electronics Letters, 2008, 44 (4): 201-202

[9] Ho Y P, Li H. Flat channel-passband-wavelength multiplexing and demultiplexing devices by multiple-Rowland-circle design. IEEE Photonics Technology Letters, 2002, 9 (3): 342-344

[10] Kamei S, Kaneko A, Ishii M, et al. Very low crosstalk arrayed-waveguide grating multi/demultiplexer using cascade connection technique. Electronics Letters, 2000, 36 (9): 823-824

[11] Zheng Y, Wu X H, Jiang L L, et al. Design of 4-channel AWG Multiplexer/demultiplexer for CWDM system. Optik, 2020, 201: 163513

[12] Ishida O, Takahashi H. Loss-imbalance equalization in arrayed waveguide-grating (AWG) multiplexer cascades. Journal of Lightwave Technology, 1995, 13 (6): 1155-1163

[13] 何浩. 微纳光波导与光纤耦合机理及技术研究. 长沙: 中南大学, 2021

[14] 吴瑶. 40 通道 100G 阵列波导光栅芯片设计与优化研究. 长沙: 中南大学, 2021

[15] Guo F, Wang M. Coupling characteristics of star waveguide coupler. Acta Optica Sinica, 2006, 26 (12): 1797-1802

[16] 吴雄辉. 石英基粗波分复用解复用器的设计与制造研究. 长沙: 中南大学, 2020

[17] Kamei S, Kaneko A, Ishii M, et al. Crosstalk reduction in arrayed-waveguide grating multiplexer/demultiplexer using cascade connection. Journal of Lightwave Technology, 2005, 23 (5): 1929-1938

[18] Guo F, Wang M. Coupling characteristics of star waveguide coupler. Acta Optica Sinica, 2006, 26 (12): 1797-1802

[19] Smit M K, Dam C V. PHASAR-based WDM-devices: Principles, design and applications.

IEEE Journal of Selected Topics in Quantum Electronics，1996，2（2）：236-250

[20] Arai Y, Maruta A, Matsuhara M. Transparent boundary for the finite-element beam-propagation method. Optics letters，1993，18（10）：765-766

案例1.4 可调光衰减器设计及优化

可调光衰减器（Variable Optical Attenuator，VOA）在光纤通信网络中有着重要的作用，与掺铒光纤放大器（EDFA）组成增益平衡光放大器；与放大自发辐射（ASE）光源组成增益控制器；与可重构光分插复用器（ROADM）组成增益平衡 ROADM；与复用/解复用器（Multiplexer/DeMultiplexer）组成增益平衡MUX/DEMUX 等，如图 1.4.1 所示，是光纤通信系统不可或缺的关键器件之一。

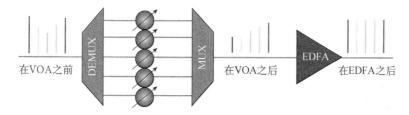

图 1.4.1 VOA 通道均衡示意图

VOA 实现技术有多种，包括分立微光学技术、MEMS 技术和光波导技术，分立微光学技术又可分为机械、磁光效应、热光效应、电光效应、声光效应等形式。光波导型 VOA 属于集成类型的器件，采用半导体制造工艺与其他功能器件在同一衬底材料上制造而成。光纤通信系统正朝着高速、大容量、可重构方向发展，VOA 正朝着集成化的方向发展。

理想 VOA 应能精确控制光信号的功率，为所有通信波长均能提供稳定的衰减量，插入损耗（Insert Loss）要求小于 1 dB，可调衰减范围在 20 dB 左右，另外对 PDL，即偏振相关损耗（PDL）、偏振模色散（Polarization Mode Dispersion，PMD）等参数也有相应的要求。其他要求，如在长距离 EDFA 设计中，VOA 还必须对环境变化引起的渐变信号有响应；在动态网络节点上，VOA 的响应时间应在 ms 量级。

硅光子技术是基于硅材料，利用现有 CMOS 工艺进行光子器件开发和集成的新一代技术。硅光子技术的核心就是以光代电，在同一衬底材料上将光子器件与电子器件集成在一起，结合了以微电子为代表的集成电路超大规模、超高精度的优势，以及光子技术超高速率、超低功耗的优点。目前广泛应用于数据中心、电信通信、智能传感等领域，是延续摩尔定律的发展方向之一。硅（Si）由于晶体对称性而不具有泡克耳斯（Pockels）光电效应和非常弱的弗朗兹-凯尔迪什（Franz-Keldysh）电光效应，但可以利用硅的等离子色散效应对光信号进行调制，以实现硅基光波导的调制和开关功能。

1.4.1 光纤通信系统中的可调光衰减器

波分复用（WDM）技术可充分利用光纤的巨大带宽资源，目前在骨干网、城域网和接入网中均有应用。光纤通信网络规模越来越大，结构越来越复杂，对网络的管理提出了更高的要求。其中，对通道间光信号功率的控制和均衡是网络管理的一个重要方面。

在 WDM 系统中，通常存在通道间光信号功率不均衡，原因有：①各波长通道的光发射机输出功率不同；②波分复用器件插损的通道不均匀性；③波导路由导致波长通道的损耗不一致与变化；④光放大器的增益谱不平坦；⑤多通道器件的老化速率不一。WDM 传输系统要求所有复用通道的光信号在被复用到同一根光纤之前，通道间光功率必须均衡。尽管可以通过控制激光器的驱动电流以调整光发射机的输出光功率，但是驱动电流的改变会导致波长的漂移。因此必须在光网络中引入光功率均衡器件来实现通道间的光信号功率平衡。

长途光纤通信系统往往使用多级 EDFA 放大，受到掺铒光纤的增益谱限制，不同的波长通道增益各不相同，进而导致各通道光功率的不平衡。特别是在 EDFA 级联使用时，这种增益差值会逐渐使得强信号越强，弱信号越弱，造成多通道的功率不均衡加剧。最坏情况下可使某些通道的信号功率超过光接收机的阈值，而另外的通道光信号功率湮没在噪声中，导致整个 WDM 系统崩溃。

为了解决 WDM 系统的通道功率不均衡问题，需要发展光网络的功率均衡控制技术。目前光网络功率均衡控制技术主要采用光衰减器，特别是可调光衰减器（VOA）及其阵列器件。利用 VOA 构成的智能化光纤网络系统，如图1.4.1 所示，可以更有效地管理光纤通信网络，不仅可以改善网络的灵活性，提高运营质量，还可以降低营运成本。

1.4.2 横向 PIN 结构可调光衰减器原理

基于集成光学技术的 VOA，技术方案主要有马赫-曾德尔（Mach-Zehnder，

M-Z）干涉仪、非对称 Y 分支、弯曲损耗、多模激发和直波导电注入载流子吸收（基于硅等离子色散效应）等方案。相对而言，基于硅等离子色散效应的 VOA，结构简单，对工艺控制的要求低，且便于阵列化、易与其他集成光学器件实现单片集成，是目前主要的技术方案，典型结构如图 1.4.2 所示，为横向 PIN 结构，该结构根据离子扩散深度有传统脊形结构和凹触点接触（Touch Down Recessed Contact，TDRC）结构。TDRC 结构是在传统脊形波导的基础上，对掺杂区的硅进行二次刻蚀以降低功耗，是目前基于集成光学的 VOA 的主要结构形式。

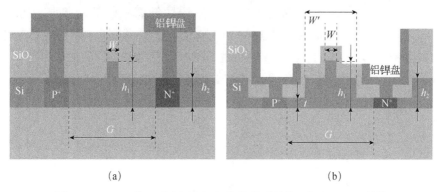

图 1.4.2　VOA 截面示意图。（a）传统脊形结构，（b）TDRC 结构

根据经典色散理论，自由载流子浓度的改变会改变硅材料复折射率的实部和虚部，也即一般折射率 n 和吸收系数 α 的变化。Drude 模型描述如下

$$\Delta n = -\frac{q^2 \lambda^2}{8\pi^2 c^2 \varepsilon_0 n_0}\left(\frac{\Delta N_e}{m_{ce}^*} + \frac{\Delta N_h}{m_{ch}^*}\right) \tag{1.4.1}$$

$$\Delta \alpha = \frac{q^3 \lambda^2}{4\pi^2 c^3 \varepsilon_0 n_0}\left[\frac{\Delta N_e}{(m_{ce}^*)^2 \mu_e} + \frac{\Delta N_h}{(m_{ch}^*)^2 \mu_h}\right] \tag{1.4.2}$$

式中，q 为电子电荷，λ 为光波波长，n 为纯硅的一般折射率，ε_0 为自由空间介电常数，c 为真空中光速，m_{ce}^* 和 m_{ch}^*（$m_{ce}^* = 0.26 m_0$，$m_{ch}^* = 0.39 m_0$，m_0 为电子质量）分别是电子有效质量和空穴有效质量，N_e 和 N_h 分别是自由电子浓度和自由空穴浓度，ΔN_e 和 ΔN_h 分别是自由电子浓度和自由空穴浓度的改变量，μ_e 和 μ_h 分别是电子迁移率和空穴迁移率。

Drude 模型中没有考虑载流子的散射过程，包括声子辅助或材料中的杂质辅助，Nedeljkovic 和 Soref 等通过实验和 Kramers-Kronig 关系得到了硅材料在载流子浓度变化下复折射率实部和虚部的变化量，波长 1550 nm 情况下有

$$\Delta n = -5.4 \times 10^{-22} \Delta N^{1.011} - 1.53 \times 10^{-18} \Delta P^{0.838} \tag{1.4.3}$$

$$\Delta\alpha = 8.88\times10^{-21}\Delta N^{1.167} + 5.84\times10^{-20}\Delta P^{1.109} \qquad (1.4.4)$$

图 1.4.3 为横向 PIN 结中加载电压后的载流子漂移示意图，其中，在 P$^+$ 掺杂区域多子为空穴，在 N$^+$ 区域多子为自由电子。当在电极上加载正向偏压时，P$^+$ 区域中的多子空穴和 N$^+$ 区域中的多子自由电子分别从两边的掺杂区大量注入到本征层 I 中，这时可以认为 I 层中的电子浓度等于空穴浓度，即 $\Delta N_e = \Delta N_h$，并且假设其均匀分布。注入的载流子在同一能带内的能级跃迁过程中会对光有一定的吸收，且载流子浓度越大吸收系数越大。所以，当在器件两端加正向偏压时，在漂移电流和扩散电流的作用下，本征区的载流子浓度增加，根据式（1.4.1）和式（1.4.2），载流子浓度的增大将使其吸收系数 $\Delta\alpha$ 增加，折射率减小，从而使经过 I 区域的光能量被吸收达到衰减光信号强度的目的。因此，注入载流子的浓度大小决定了材料折射率和吸收系数的改变量。

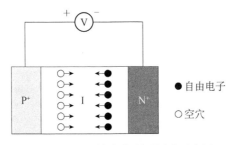

图 1.4.3 PIN 结中载流子漂移示意图

当输入光功率为 P_{in} 时，则经过长度为 L 的上电 PIN 区域，由于载流子的吸收作用，输出光功率为

$$P_{\mathrm{out}} = P_{\mathrm{in}} \cdot \exp(-\alpha \cdot L) \qquad (1.4.5)$$

式中，α 包括硅材料的本征吸收系数 α_0 和载流子吸收系数 $\Delta\alpha$。根据插入损耗（简称插损）的定义来定义衰减，有

$$\begin{aligned}
\mathrm{Attenuation(dB)} &= -10\times\log\left\{\exp[(\alpha_0 + \Delta\alpha)\times L]\right\} \\
&= 4.3429\times(\alpha_0 + \Delta\alpha)\times L
\end{aligned} \qquad (1.4.6)$$

式中，α_0 一般取值为 $\alpha_0 = 0.023/\mathrm{cm}$。

1.4.3 横向 PIN 结构可调光衰减器结构与参数

采用顶层硅厚度为 3 μm 的 SOI 作为 VOA 晶圆衬底。顶层硅厚度 3 μm 的 SOI 晶圆相对于 220 nm（IMEC、IHP、AMO、IME、AIM、ANT、TOWER、Silterra、GF、TSMC、PETRA、CUMEC、IMECAS、SITRI）、310 nm（CEA-Leti）等系列

的 SOI 晶圆来说，优势有：低于 0.2 dB/cm 的传输损耗、强限制光、低偏振相关损耗、与单模光纤的耦合效率高、波长不敏感、大尺度光子集成能力等。基于横向 PIN 结构所设计的可调光衰减器的截面结构如图 1.4.2（b）所示。

为便于工艺标准化，SOI 晶圆与工艺过程参数需标准化、定量化。顶层硅厚度 h_1=3 μm，埋氧层 BOX 厚度 3 μm，脊形波导刻蚀深度 h_1-h_2=1.2 μm，刻蚀残留厚度 t=0.4 μm，脊形波导涂覆层厚度 0.5 μm，脊形波导宽度 W=2.4～3.0 μm，衬底 P 型掺杂 1×10^{15}cm^{-3}。对基于横向 PIN 结构的 VOA，设计上可变参数有 P$^+$和 N$^+$区离子注入浓度、P$^+$和 N$^+$区间距 G。图 1.4.4 为截面载流子浓度、折射率实部/虚部分布和计算得到的基模分布图。在图 1.4.2（b）所示的 TDRC 结构上增加隔离沟槽。

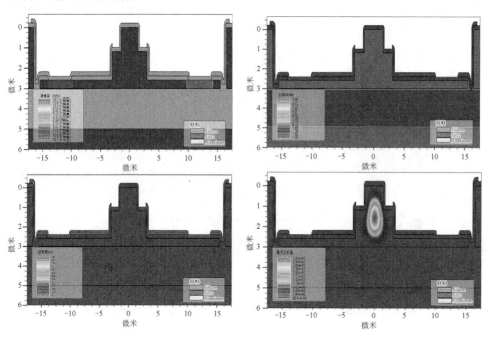

图 1.4.4　VOA 截面载流子浓度、折射率实部/虚部和基模分布图

基于以上设置就可以把 VOA 截面模型简化为 2 个参数，即 P$^+$和 N$^+$区离子注入浓度，以及 P$^+$和 N$^+$区间距 G。

1.4.4　横向 PIN 结构可调光衰减器仿真与优化

电学仿真计算用 TCAD（Technology Computer Aided Design，半导体工艺模拟以及器件模拟工具），有 Silvaco 公司的 ATHENA 和 ATLAS、Synopsys 公司的

TSupprem 和 Medici 、ISE 公司（已经被 Synopsys 公司收购）的 Dios 和 Dessis 以及 Crosslight Software 公司的 Csuprem 和 APSYS，此外还有维也纳 TCAD Global Solution 公司的 TCAD 套件，以及新加坡 Cogenda 公司的 Visual TCAD 套件。本案例选择使用 Silvaco 公司的 ATLAS 模块作为仿真计算的工具。

为了尽可能符合真实情况，添加与浓度相关的 Shockley-Read-Hall（CONSRH）载流子复合模型、俄歇复合模型，用于计算载流子在材料分界面及硅波导内部的复合效应；添加 Klaassen's 低场强载流子迁移模型，用于计算载流子在微电流驱动下的漂移；添加带隙变窄模型，用于计算重掺杂情况下的禁带宽度变窄；添加 Fermi-Dirac 统计理论模型，用于计算收集载流子分布统计。其中在浓度相关 Shockley-Read-Hall 载流子复合模型中，载流子寿命设置为 τ_{n0}=100 μs，τ_{p0}= 100 μs，τ_{n0} 与 τ_{p0} 分别代表自由电子与空穴的寿命，所设置的参数只是保守的估计参数，在实际情况中，由于器件的结构问题，表面复合及载流子迁移时间所带来的影响远高于 CONSRH 复合效应，不过在计算中低估载流子寿命时所获得的计算结果更为保守，相比于高估载流子寿命所获得的计算值更具有参考价值，因而选取载流子寿命为 100 μs，该值通常远低于实际情况中的载流子寿命值。

实际情况中，刻蚀面的粗糙度及悬空键的数目极大地影响了载流子表面复合速率（SRV），高温（>1000℃）退火及湿法化学氧化过程将有效降低其刻蚀表面粗糙度并减少悬空键的产生，对于硅芯层上表面与上包层分界面载流子表面复合速率，计算中选取自由电子与空穴的复合速率均为 100 cm/s，芯层与其他包层之间的自由电子和空穴的复合速率均为 20 cm/s。

基于以上的物理模型，计算图 1.4.2（b）中的各项性能，主要是光衰减量与驱动电路之间的关系，在输入波长为 1550 nm 时，光衰减量的经验公式可用式（1.4.6）和式（1.4.4）计算。

1. 单模条件

固定了 SOI 晶圆衬底的顶层硅厚度 h_1=3 μm，埋氧层 BOX 厚度 3 μm，脊形波导刻蚀深度 h_1-h_2=1.2 μm，刻蚀残留厚度 t=0.4 μm，脊形波导涂覆层厚度 0.5 μm。脊形波导宽度 W 取不同值的时候，光在脊形波导中可能会存在几个不同的模式。当存在高阶模式时，由于不同模式的光传播常数不同将会引起模间色散以及光传输损耗差异，进而影响光场的传播速率。本案例仅改变脊形波导宽度 W 以满足单模传输条件。

根据图 1.4.5 可知，对于 TE_0 模，脊形波导宽度在 1 μm<W<3.5 μm 范围内为单模波导；对于 TM_0 模，脊形波导宽度在 1.5 μm<W<4.0 μm 范围内为单模波导。脊形波导宽度在 1.6 μm<W<3.5 μm 范围内 TE 模和 TM 模均为单模波导。同时考虑到脊形波导的无偏特性，脊形波导宽度选为 W=3.0 μm。需要注意的是，通常在计算该脊形波导的时候并没有考虑掺杂的情况，实际上用于制造可调光衰减器的厚 SOI 晶圆器件层一般为 P 型掺杂 $1 \times 10^{15} cm^{-3}$。图 1.4.6 为脊形波导的基模分布图，其中图 1.4.6（a）和图 1.4.6（b）为 0V 正偏电压时的类 TE 模和类 TM 模电场分布，图 1.4.6（c）和图 1.4.6（d）为 5V 正偏电压时的类 TE 模和类 TM 模电场分布。

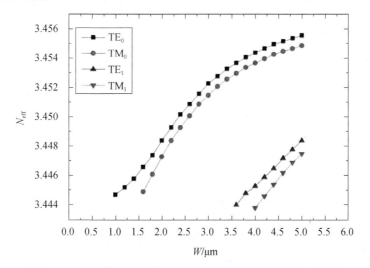

图 1.4.5 不同模式下波导有效折射率随脊形波导宽度 W 变化

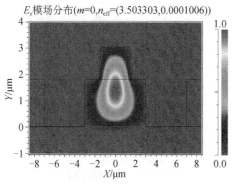

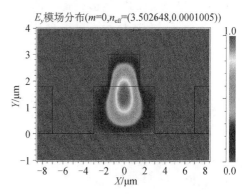

（a）0V 正偏电压时类 TE 模电场分布   （b）0V 正偏电压时类 TM 模电场分布

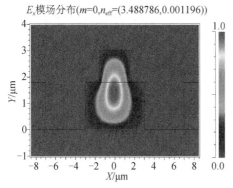
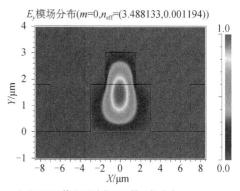

（c）5V 正偏电压时类 TE 模电场分布　　　　（d）5V 正偏电压时类 TM 模电场分布

图 1.4.6　脊形波导的基模分布图（彩图请扫封底二维码）

2．P⁺/N⁺区间距 G 与传输损耗

载流子注入横向 PIN 型可调光衰减器主要是基于器件的等离子色散效应，通过对载流子注入量的控制使材料的吸收系数变化，从而达到对输入光信号能量进行衰减的目的。如图 1.4.2（b）所示，在刻蚀好的脊形光波导的两侧通过扩散或离子注入的方式形成重掺杂的 P⁺区和 N⁺区，并在 P⁺区和 N⁺区之上覆盖一层导电电极。在电极上加载正向偏压，当外加电压 $U=0$ 时，入射光会被限制在脊形波导中传播。在电极上施加外加电压后，在 P⁺区和 N⁺区之间会有明显的电子和空穴的漂移，相当于在本征区有大量的载流子注入，大量的载流子注入使得本征区材料的吸收系数变大，入射光能量被大量吸收，光强减弱。

在电极上加载正向偏压后，随着电压升高，载流子从两端掺杂区向本征区中心注入，当 P⁺区与 N⁺区的距离越近，即当 G 值越小时，理论上波导中心达到固定浓度所对应的电压值越低，所需要的功耗越小，但当两重掺杂区足够靠近时，由于重掺杂区域与本征区存在较高的载流子浓度差，高浓度差将导致载流子从高浓度向低浓度扩散，本征区扩散进一定量的载流子，根据载流子吸收效应，将会对光能量有所吸收。当负载电压为 0V 时，脊形波导本身就存在一定程度的衰减，器件插损就会增大，综上需要对两掺杂区距离 G 进行优化，以使其在不影响中心光模式的前提下，尽可能缩短宽度 G 来降低功耗。

脊形波导类 TE 模场和类 TM 模场均被束缚在波导中心，其模场宽度约为 6 μm，则两掺杂区间距 G 应当大于 6 μm，即两掺杂区之间的最短距离应当至少大于光模场的宽度。仿真计算中从波导中心引一条截线用于收集沿着该线的载流子分布情况，如图 1.4.7 所示，不同 G 值所对应着不同的载流子分布，然后根据该分布计算光信号的传输损耗随着 G 变化的关系。

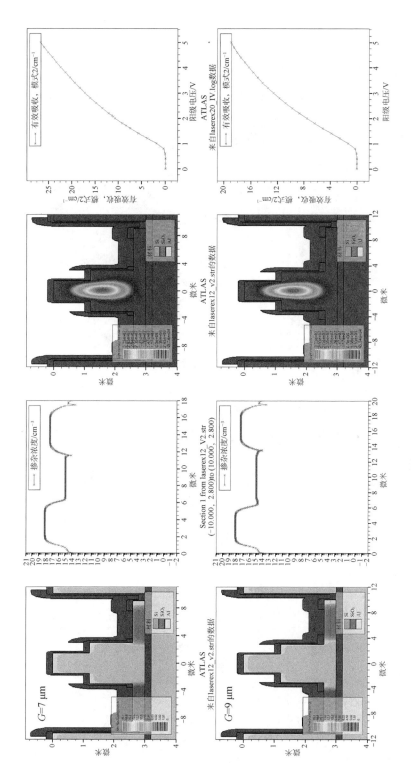

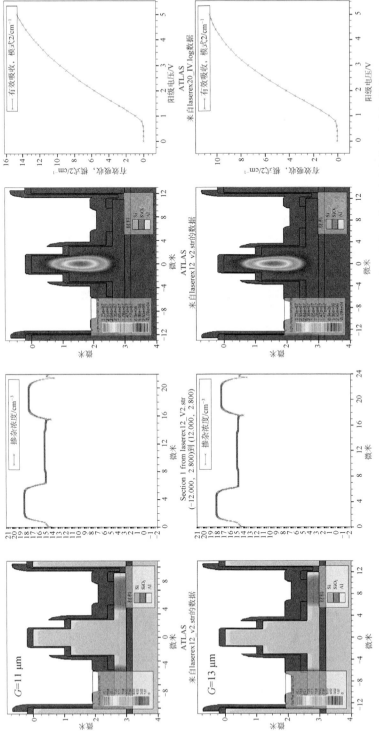

图 1.4.7　间距 G 为 7 μm、9 μm、11 μm 和 13 μm 下的截面载流子浓度分布、截线上载流子浓度分布和光场分布

根据图 1.4.7 可知，当 G 在 7 μm～13 μm 范围内变化时，中心载流子浓度几乎不发生变化，但对于掺杂区与本征区的边缘，随着 G 越来越小，边缘分布的载流子浓度越来越高，为避免两端重掺杂区域载流子影响波导中的光传输，要求掺杂区域离波导尽可能远，但同时要求横向尽可能小，以保证小的光学结构。$G>6$ μm、长度 1 cm、无偏置电压的横向 PIN 型可调光衰减器的传输损耗始终小于 0.4 dB。因此，当 $G=7$ μm 时，重掺杂区载流子将不会影响波导中心的光传输。

图 1.4.8 是 P$^+$和 N$^+$区间距 G 分别为 7 μm、9 μm、11 μm 和 13 μm 时，在 5V 正偏电压下，载流子注入横向 PIN 型可调光衰减器的光衰减特性曲线图，掺杂浓度一定的情况下，光的最大衰减量随着 G 的增加而减小。可知当 $G=7$ μm、P$^+$区掺杂浓度为 2×10^{19} cm^{-3} 时，在 10 mW 的功率下可实现超过 100 dB 的衰减量。

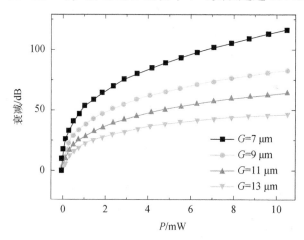

图 1.4.8　不同 P$^+$和 N$^+$区间距 G 下光衰减量随驱功率的变化

3. 掺杂浓度

图 1.4.9（a）和（b）分别为 $G=7$ μm 和 $G=9$ μm 时不同掺杂浓度下载流子注入横向 PIN 型可调光衰减器的光衰减特性曲线图，由图可知，P$^+$和 N$^+$区间距越小，掺杂浓度越大，器件光衰减量越大，总功耗不超过 30 mW。需要注意的是，此处的掺杂浓度是设定值，1000℃扩散 10 min、1150℃退火 10 min，采用的是 P 型衬底，因此，P$^+$区和 N$^+$区最终的掺杂浓度是有区别的，如图 1.4.7 所示的截线上载流子浓度分布。从工艺上来说，扩散和退火时间越长，由于扩散深度只有 0.4 μm，载流子浓度越高，浓度分布梯度相应减少，注入衰减

区的载流子分布深度越大，从而使载流子与光场的重叠部分变大，引起较大的光吸收。

　　传统型的载流子注入横向 PIN 型 VOA，如图 1.4.2（a）所示，P⁺和 N⁺区扩散深度也是一个需要设计和优化的参数。载流子注入横向 PIN 型 VOA 的光衰减量与功耗呈正比关系，在光衰减量一定的情况下，功耗随着掺杂深度的增加而降低。掺杂越深，注入衰减区的载流子分布深度越大，从而使载流子与光场的重叠部分变大，使得功耗降低。

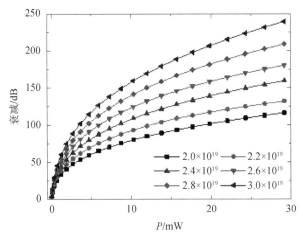

（a）G=7 μm，不同掺杂浓度下的光衰减特性

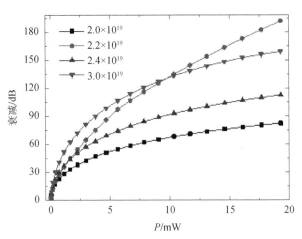

（b）G=9 μm，不同掺杂浓度下的光衰减特性

图 1.4.9　不同掺杂浓度下的光衰减特性

4．响应时间

利用载流子注入的方式实现光的衰减，器件的响应时间主要受注入载流子复合和寄生电容的影响。寄生电容的计算很复杂，本案例主要分析载流子复合对响应时间的影响。

假设本征区中注入的载流子均匀分布，其浓度为 N，在 $t=0$ 时刻，撤出外加电压，不再产生新的注入载流子，则 N 将随时间而减少，则单位时间内注入载流子浓度的减少为 $-dN/dt$，由载流子复合而引起，等于载流子的复合率。在半导体器件中，注入载流子的平均生存时间被定义为载流子寿命 τ，单位时间内注入载流子的复合概率为 $1/\tau$，则注入载流子的复合率为 N/τ，从而有

$$\frac{\mathrm{d}N(t)}{\mathrm{d}t} = -\frac{N(t)}{\tau} \tag{1.4.7}$$

假定 τ 为一恒量，与 $N(t)$ 无关，式（1.4.7）的通解为

$$N(t) = Ce^{-\frac{t}{\tau}} \tag{1.4.8}$$

将 $N(0)=N$ 代入式（1.4.8），有 $C=N$，则有

$$N(t) = Ne^{-\frac{t}{\tau}} \tag{1.4.9}$$

式（1.4.9）即为注入载流子随时间衰减的规律。设载流子复合引起的响应时间为 T，并设 $N(T_1)=0.9N$，$N(T_2)=0.1N$，响应时间定义为：当控制信号改变时，输出光信号从变化量的 10%到变化量的 90%所需的时间，有

$$T = T_2 - T_1 \tag{1.4.10}$$

若取 $\tau=200$ ns，则根据式（1.4.9）可得载流子复合引起的响应时间约为 $T=440$ ns。

影响载流子注入横向 PIN 型可调光衰减器响应的另一个因素是寄生电容产生的时延，寄生电容较为复杂，难以通过简单的模型来分析。一般而言，寄生电容是非线性电容，与外加电压有关，其电容值受 PN 结面积和杂质浓度分布状况等因素影响，根据 VOA 结构和制造工艺，寄生电容引起的响应时间从几微秒到几百微秒（图 1.4.10）。

基于以上分析可知，载流子复合引起的响应时间是比较短的，如果能很好地控制寄生电容的影响，那么载流子注入横向 PIN 型可调光衰减器的响应时间可以做到微秒量级。

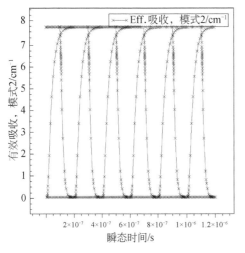
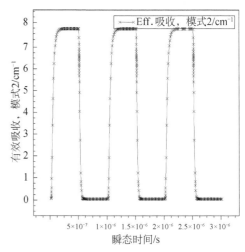

图 1.4.10　载流子注入横向 PIN 型 VOA 响应

1.4.5　案例小结

在密集波分复用系统中，为保证光信号高质量地传输，必须通过 VOA 保证不同波长光信号光功率的均衡，以实现系统的最佳运行。载流子注入横向 PIN 型 VOA 基于硅的等离子体色散效应，具有尺寸小、衰减范围大、易于集成等优点，应用广泛。本案例首先介绍了 VOA 在光纤通信系统中的应用和载流子注入横向 PIN 型 VOA 的工作原理，然后通过半导体器件物理理论对其结构和参数进行了优化设计和分析，通过引入 TDRC 结构和隔离沟槽，理论分析和计算了器件的衰减特性和瞬态响应，为横向 PIN 型 VOA 的设计与优化提供了依据。

1.4.6　案例使用说明

1. 教学目的与用途

本案例旨在了解和掌握载流子注入横向 PIN 型 VOA 的工作原理，以及结构参数、材料参数等 VOA 工作性能的影响机制和规律。通过本案例的学习，学生可以掌握 VOA 的设计和优化过程，掌握半导体器件物理基本原理，并能利用相关计算原理对载流子浓度、光吸收特性等参数进行设计和优化，进而掌握光-电-结构-材料相互作用机制和规律。

2．涉及知识点

等离子体色散、可调光衰减器、PIN、载流子复合、掺杂浓度、半导体器件物理、高阻、扩散。

3．配套教材

[1] 周治平. 硅基光电子学. 北京：北京大学出版社，2012

[2] Chrostowski L，Hochberg M. Silicon Photonics Design：Form Devices to Systems. Cambridge：Cambridge University Press，2015

[3] 赫罗斯托夫斯基 L，霍克伯格 M. 硅光子设计——从器件到系统. 郑煜，蒋连琼，郜飘飘，等译. 北京：科学出版社，2021

4．启发思考题

（1）弯曲光纤，光功率会发生什么变化？

（2）在密集波分复用系统中，多波长同时抵达光放大器，都经过同一放大倍数的光放大，然后继续远距离传输，到达接收点，会有哪些问题？

（3）硅为什么没有一阶和二阶光电效应？

（4）什么是硅等离子体色散效应？

（5）半导体中的空穴和电子复合会产生什么效应？

5．分析思路

从光纤的弯曲开始讨论和分析实现光衰减的方法，从分立式器件方法过渡到集成光子器件方法。然后分析和讨论硅材料的结构及其特性，进而引出硅的等离子体色散效应，基于此构建 PN 结或 PIN 结，进而实现光的可控衰减。然后分析现有 PIN 结型 VOA 的缺点，进而提出带隔离沟槽和浅扩散区的 PIN 结型 VOA。基于半导体器件物理原理设计和优化提出的 VOA，讨论结构参数、载流子浓度等对其光衰减特性、功耗等性能的影响机制和规律。

6．理论依据

1）基于硅等离子体色散效应的 SOI VOA 工作原理

见 1.4.2 节介绍。

2）PIN 结注入载流子理论

通过 PIN 结注入载流子，利用硅的等离子色散效应实现光衰减，是本案例设计的 VOA 的物理原理。根据等离子色散关系，PIN 结注入载流子浓度直接决定了光衰减量的大小。在 PIN 结中，重掺杂区掺杂深度和浓度、本征区长度等结构和工艺参数的选择会影响载流子注入浓度和电功耗之间的关系，进而影响器件的衰减特性。因此，详细分析上述参数和电流密度、电压等电学量之间的数学关系，对于优化器件参数进而提高器件衰减特性是非常重要的。

如图 1.4.11 所示，是 PIN 结的基本结构和杂质分布，它是使近似本征区"I"夹于重掺杂的 P⁺区和 N⁺区之间的一种 PN 结。在实际的器件中，"I"一般用高阻 P⁺区或高阻 N⁺区近似，这不会影响最终的结果，原因是载流子注入浓度远大于高阻区的掺杂浓度。以本征区的中点为坐标原点，本征区的长度为 G，两个掺杂边界分别位于 $\pm G/2$ 处。

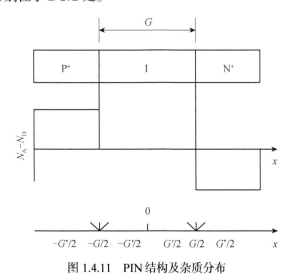

图 1.4.11　PIN 结构及杂质分布

在两个掺杂边界附近会形成很窄的空间电荷区，所在边界的两侧，电压和载流子浓度变化都很大，为表征此情况，令空间电荷区和本征区的边界为 $\pm G'/2$，空间电荷区和两个重掺杂区的边界为 $\pm G^*/2$。

正向偏压下，总的电流密度是由本征区与重掺杂区边界处的少子扩散电流密度 $i_n(-G/2)$、$i_p(G/2)$ 和本征区的复合电流 i_m 组成的，即

$$i = i_n(-G/2) + i_m + i_p(G/2) \tag{1.4.11}$$

本征区载流子浓度分布和电流关系有

$$\frac{\mathrm{d}^2 n}{\mathrm{d}x^2} = \frac{n}{L^2} \tag{1.4.12}$$

式中，n 为掺杂浓度，L 为本征区扩散长度。

令

$$i_n(-G/x) = \eta_1 \times i, \quad i_p(G/x) = \eta_r \times i, \quad i_m = \eta_m \times i \tag{1.4.13}$$

式中，η_1、η_r、η_m 分别为三个区的电流分量系数，有

$$\eta_1 + \eta_r + \eta_m = 1 \tag{1.4.14}$$

式（1.4.12）的边界条件有

$$i_n(-G/2) = \eta_1 \times i, \quad i_p(-G/2) = (1-\eta_1) \times i$$
$$i_p(G/2) = \eta_r \times i, \quad i_n(G/2) = (1-\eta_r) \times i \tag{1.4.15}$$

式（1.4.12）的解为

$$n(x) = i_m \frac{\tau}{2qL} \left[\frac{\cosh(x/L)}{\sinh(G/(2L))} - B \frac{\sinh(x/L)}{\cosh(G/(2L))} \right] \tag{1.4.16}$$

式中，τ 为本征区载流子寿命，q 为空间电荷，B 为

$$B = \frac{1}{\eta_m} \left(\frac{b-1}{b+1} + \eta_1 + \eta_r \right) \tag{1.4.17}$$

式中，b 为本征区电子迁移率 μ_n 和空穴迁移率 μ_p 的比值，即 $b=\mu_n/\mu_p$；B 更具体的值在后文中给出。由式（1.4.16）可知，本征区的注入载流子浓度是和本征区的复合电流密度成正比的，其分布与两种载流子的迁移率以及边界处的扩散电流密度相关。对于固定的复合电流密度，平均注入载流子浓度 ΔN_j 与 B 无关，有

$$\Delta N_j = \frac{i_m \tau}{2dq} \tag{1.4.18}$$

将 ΔN_j 代入式（1.4.16）可得到本征区边界处的载流子分布

$$n(-G'/2) = \Delta N_j \frac{G}{2L} \coth\left(\frac{G}{2L}\right) \times \left[1 + B\tanh^2\left(\frac{G}{2L}\right)\right]$$
$$n(G'/2) = \Delta N_j \frac{G}{2L} \coth\left(\frac{G}{2L}\right) \times \left[1 - B\tanh^2\left(\frac{G}{2L}\right)\right] \tag{1.4.19}$$

为进一步求得边界处少子扩散电流的密度，空间电荷区和重掺杂区边界处的少子浓度为

$$n(-G^* / 2) = \frac{n(-G'/ 2)^2}{n_{\mathrm{A}}}$$

$$p(-G^* / 2) = \frac{n(G'/ 2)^2}{n_{\mathrm{D}}} \qquad (1.4.20)$$

式中，n_{A} 为 P$^+$区掺杂浓度，n_{D} 为 N$^+$区掺杂浓度。

在两个重掺杂区，载流子浓度很低，本征区和重掺杂区边界处的少子扩散电流可以表示为

$$i_{\mathrm{n}}(-G / 2) = q \frac{D_{\mathrm{n}}}{L_{\mathrm{n}}} \coth\left(\frac{d_{\mathrm{p}}}{L_{\mathrm{n}}}\right) n(-G^* / 2)$$

$$i_{\mathrm{p}}(G / 2) = q \frac{D_{\mathrm{p}}}{L_{\mathrm{p}}} \coth\left(\frac{d_{\mathrm{n}}}{L_{\mathrm{p}}}\right) n(G^* / 2) \qquad (1.4.21)$$

式中，d_{p}、d_{n} 分别为 P$^+$区和 N$^+$区掺杂深度；L_{n}、L_{p} 分别为 P$^+$区和 N$^+$区少子扩散长度；D_{n}、D_{p} 分别为 P$^+$区和 N$^+$区扩散系数。$\coth(d_{\mathrm{p}}/L_{\mathrm{n}})$ 和 $\coth(d_{\mathrm{n}}/L_{\mathrm{p}})$ 是在假定重掺杂区和金属电极界面由于表面复合作用，少数载流子保持平衡浓度的条件下所得到的结果，从而可得

$$i_{\mathrm{n}}(-G / 2) = q \frac{D_{\mathrm{n}}}{L_{\mathrm{n}}} \coth\left(\frac{d_{\mathrm{p}}}{L_{\mathrm{n}}}\right) \times \frac{n(-G'/ 2)^2}{n_{\mathrm{A}}}$$

$$i_{\mathrm{p}}(G / 2) = q \frac{D_{\mathrm{p}}}{L_{\mathrm{p}}} \coth\left(\frac{d_{\mathrm{n}}}{L_{\mathrm{p}}}\right) \times \frac{n(G'/ 2)^2}{n_{\mathrm{D}}} \qquad (1.4.22)$$

引入重掺杂区的 P$^+$区少子饱和电流密度 i_{ns} 和 N$^+$区少子饱和电流密度 i_{ps} 为

$$i_{\mathrm{ns}} = q \frac{D_{\mathrm{n}}}{L_{\mathrm{n}}} \coth\left(\frac{d_{\mathrm{p}}}{L_{\mathrm{n}}}\right) \times n_{\mathrm{p}} = q \frac{D_{\mathrm{n}}}{L_{\mathrm{n}}} \coth\left(\frac{d_{\mathrm{p}}}{L_{\mathrm{n}}}\right) \times \frac{n_{\mathrm{i}}^2}{n_{\mathrm{A}}}$$

$$i_{\mathrm{ps}} = q \frac{D_{\mathrm{p}}}{L_{\mathrm{p}}} \coth\left(\frac{d_{\mathrm{n}}}{L_{\mathrm{p}}}\right) \times p_{\mathrm{n}} = \frac{D_{\mathrm{p}}}{L_{\mathrm{p}}} \coth\left(\frac{d_{\mathrm{n}}}{L_{\mathrm{p}}}\right) \times \frac{n_{\mathrm{i}}^2}{n_{\mathrm{D}}} \qquad (1.4.23)$$

则有

$$i_{\mathrm{n}}(-G / 2) = i_{\mathrm{ns}} \times \frac{n(-G'/ 2)^2}{n_{\mathrm{A}}}$$

$$i_{\mathrm{p}}(G / 2) = i_{\mathrm{ps}} \times \frac{n(G'/ 2)^2}{n_{\mathrm{D}}} \qquad (1.4.24)$$

即

$$i_n(-G/2) = i_{ns} \left[\frac{\Delta N_j}{n_i} \frac{G}{2L} \coth\left(\frac{G}{2L}\right) \right]^2 \times \left[1 + B\tanh^2\left(\frac{G}{2L}\right) \right]^2$$

$$i_p(G/2) = i_{ps} \left[\frac{\Delta N_j}{n_i} \frac{G}{2L} \coth\left(\frac{G}{2L}\right) \right]^2 \times \left[1 - B\tanh^2\left(\frac{G}{2L}\right) \right]^2 \qquad (1.4.25)$$

为获得 PIN 结的 *I-V* 特性，考虑 PIN 结的电压，在两个重掺杂区，由于注入载流子很少，电压降可以忽略。因此，总电压是两个空间电荷区上的电压降 U_l 和 U_r 与中间本征区的电压降 U_m 之和，即

$$U = U_l + U_r + U_m \qquad (1.4.26)$$

U_m 是电势场 $E(x)$ 在整个本征区的积分，即

$$U_m = \int_{-G'/2}^{G'/2} E(x)\mathrm{d}x \qquad (1.4.27)$$

求解 $E(x)$ 时没有考虑电流密度方程

$$i = q\left[\mu_n n(x) + \mu_p p(x) \right] E(x) + k_0 \left(\mu_n \frac{\mathrm{d}n}{\mathrm{d}x} + \mu_p \frac{\mathrm{d}p}{\mathrm{d}x} \right) \qquad (1.4.28)$$

本征区可以认为是准中性区域，即可认为在本征区满足

$$n(x) = p(x) , \quad \frac{\mathrm{d}n}{\mathrm{d}x} = \frac{\mathrm{d}p}{\mathrm{d}x} \qquad (1.4.29)$$

从而有

$$E(x) = \frac{i}{q(\mu_n + \mu_p)n(x)} - \frac{b-1}{b+1} \frac{k_0 T}{q} \frac{\mathrm{d}n}{\mathrm{d}x} \frac{1}{n(x)} \qquad (1.4.30)$$

如此，电场强度实际由两部分构成，即一部分与电流密度成正比，一部分与载流子的分布有关，根据式（1.4.16）有

$$U_m = \frac{k_0 T}{q} \frac{i}{i_m} \frac{8b}{(b+1)^2} \frac{\sinh\dfrac{G}{2L}}{\sqrt{1 - B^2 \tanh^2\dfrac{G}{2L}}} \times \arctan\left\{ \left[1 - B^2 \tanh^2\left(\frac{G}{2L}\right) \right] \sinh\left(\frac{G}{2L}\right) \right\}$$

$$+ \frac{k_0 T}{q} \frac{b-1}{b+1} \times \ln\left[\frac{1 + B\tanh^2\left(\dfrac{G}{2L}\right)}{1 - B\tanh^2\left(\dfrac{G}{2L}\right)} \right] \qquad (1.4.31)$$

$\pm G'/2$ 处的载流子浓度分布为

$$n(-G'/2) = n_i \exp\left(\frac{qU_1}{k_0 T}\right)$$

$$n(G'/2) = n_i \exp\left(\frac{qU_r}{k_0 T}\right) \tag{1.4.32}$$

从而有

$$i_m = \frac{2qL}{\pi} \frac{\tanh\dfrac{G}{2L}}{\sqrt{1 - B^2 \tanh^4 \dfrac{G}{2L}}} \times n_i \exp\left(\frac{(U_1 + U_r)q}{2k_0 T}\right) \tag{1.4.33}$$

可得

$$U_1 + U_r = \frac{2k_0 T}{q} \ln\left[\frac{\Delta N_j}{n_i} \frac{G}{2L} \coth\left(\frac{G}{2L}\right) \times \sqrt{1 - B^2 \tanh^4 \frac{G}{2L}}\right] \tag{1.4.34}$$

在前面求解偏微分方程的结果中，B 的具体值还未给出。引入参量

$$n_1 = \frac{1}{n_i} \frac{2}{\sqrt{b} + \sqrt{1/b}} \frac{d}{2qn_i D} \sqrt{i_{ns} i_{ps}} \quad , \quad s = \sqrt{b \frac{i_{ps}}{i_{ns}}} \tag{1.4.35}$$

则有

$$B = \frac{1 + 2(s + 1/s)\Delta N_j n_1}{2(s-1)\Delta N_j n_1}$$

$$\times \left\{ 1 - \sqrt{1 - \left[\frac{2(s-1)\Delta N_j n_1}{1 + 2(s + 1/s)\Delta N_j n_1}\right]^2 \times \left[1 + \frac{(b-1)/(b+1)\tanh^2 \dfrac{G}{2L}}{(s - 1/s)\Delta N_j n_1}\right]^2} \right\}$$

$$\tag{1.4.36}$$

至此，得到了 PIN 结的各个重要量的方程，式（1.4.16）给出了注入载流子在本征区的分布；式（1.4.18）和式（1.4.25）给出了三个电流分量，并通过式（1.4.11）给出了总电路密度 i；式（1.4.31）和式（1.4.34）给出了电压分量，并通过式（1.4.26）给出了总电压 U；所有量通过式（1.4.36）联系起来。

7. 背景信息

见案例 1.1 引言和 1.4.1 节介绍。

8. 关键要点

（1）厚硅（3 μm）光子集成器件相对于薄硅（220 nm）光子集成器件的优势。

（2）硅等离子体色散效应及基于该效应的 VOA 工作原理。

（3）浅扩散区为什么可以有效降低 VOA 的驱动功耗？

（4）载流子与光场的重叠部分如何设计和优化？

9. 课堂计划建议

课堂时间 90 min	0～10 min	学生围绕"光纤弯曲导致光衰减现象"自由讨论
	10～60 min	从分立式器件方法过渡到集成光子器件方法，然后分析和讨论硅材料的结构及其特性，进而引出硅的等离子体色散效应，基于此构建 PN 结或 PIN 结，进而实现光的可控衰减。基于半导体器件物理原理设计和优化提出的 VOA
	60～80 min	讨论结构参数、载流子浓度等对 VOA 光衰减特性、功耗等性能的影响机制和规律
	80～90 min	对案例进行总结。布置设计作业：要求学生在一个星期内设计出一个载流子注入横向 PIN 型 VOA

参 考 文 献

[1] Soref R A， Lorenzo J P. All-silicon active and passive guided-wave components for λ=1.3 μm and λ=1.6 μm. IEEE Journal of Quantum Electronics，1986，22（6）：873-879

[2] Nedeljkovic M，Soref R A，Mashanovich G Z. Free-carrier electro-refraction and electroabsorption modulation predictions for silicon over the 1–14 micron infrared wavelength range. IEEE Photonics Journal，2011，3（6）：1171-1180

[3] 焦林森. 基于 SOI 的可调光衰减器研究. 南京：东南大学，2018

[4] 叶新威. 基于硅波导的可调光衰减器阵列的研究. 武汉：武汉邮电科学研究院，2011

[5] 韩晓峰. 基于 SOI 材料的集成可调谐光衰减器的研究. 上海：中国科学院上海微系统与信息技术研究所，2004

[6] 曹共柏. SOI 基光波导器件的模拟与实现. 上海：中国科学院上海微系统与信息技术研究所，2005

[7] 林志浪. SOI 集成光波导器件的基础研究. 上海：中国科学院上海微系统与信息技术研究所，2004

[8] Marxer C，Griss P，Nicolaas F，et al. A Variable optical attenuator based on silicon micromechanics. IEEE Photonics Technology Letters，1999，11（2）：233-235

[9] Feng D，Feng N N，Kung C C，et al. Compact single-chip VMUX/DEMUX on the silicon-on-insulator platform. Optics Express，2011，19（7）：6125-6130

[10] Lin J M，Ho W J. Dynamic-performance characterization of C-band EDFA using ASE-power peak-selective feedback gain-clamping. Laser Physics，2012，22（4）：765-769

[11] Noh Y O，Yang M S，Won Y H，et al. PLC-type variable optical attenuator operated at low electrical power. Electronics Letters，2000，36（24）：2032-2033

[12] Benda H，Spenke E. Reverse recovery processes in silicon power rectifiers. Process IEEE，1967，55：1331-1354

[13] 陈伟伟. 基于载流子色散效应的硅基光子器件若干问题研究. 杭州：浙江大学，2012

[14] 吴晓平. 基于 Polymer 及 Si 基阵列 VOA 技术的光可变波分复用器研究. 武汉：华中科技大学，2018

[15] 袁配. 阵列波导光栅与可调光衰减器单片集成技术研究. 北京：中国科学院半导体研究所，2015

[16] 王杉. 平面光波导衰减器的研究及工艺开发. 成都：电子科技大学，2014

[17] 刘瑞丹，王玥，吴远大，等. SOI 基亚微米光波导可调光衰减器的设计. 半导体光电，2015，36（1）：34-41

[18] 李国正，刘育梁，刘恩科. 硅的等离子体色散效应及其应用. 光子学报，1996，25（5）：413-416

[19] Yan Q，Yu J，Xia J，et al. High-speed electrooptical VOA integrated in silicon-on-insulator. Chinese Optics Letters，2003，1（4）：217-219

[20] Soref R，Bennett B. Electrooptical effects in silicon. IEEE Journal of Quantum Electronics，1987，23（1）：123-129

第2篇

光电子芯片集成制造

　　光子集成技术的不断发展使得大规模光电集成技术成为可能。光电集成技术的发展趋势主要包括以下三个方面：一是高速与高性能（低噪声、高宽带、大动态范围），可以满足终端用户对于高速数据传输的需求；二是阵列化大规模集成，可以满足骨干网对于大幅提速的需求；三是多功能信号处理，将波形产生、数据判断、时钟恢复、宽带管理、信道监测以及微波信号的产生、发射、探测等复杂信号处理功能进行单片集成。

　　光电集成实现的基础和关键仍是光子集成。目前光子集成的材料主要包括薄膜铌酸锂（LiNbO$_3$）、绝缘衬上硅（SOI）、二氧化硅/氮化硅/氮氧化硅（SiO$_2$/SiN$_x$/SiO$_x$N$_y$）、光学玻璃、聚合物以及 III - V 族化合半导体材料等。光电集成材料、器件和应用如图 2.0.1 和图 2.0.2 所示。铌酸锂电光调制性能好，主要用于制作高速光调制器，但无法实现激光的发射和光电探测。二氧化硅/氮化硅/氮氧化硅以及光学玻璃波导传输和耦合损耗较低，成本低廉，是目前平面光波导分路器、阵列波导光栅等无源光波导器件的主要材料。聚合物材料的优点是热光系数较高，可用于制作热光调制器件，可大幅降低功耗，但与半导体材料的工艺兼容性较差。制造工艺平台目前发展较为成熟的有薄膜铌酸锂 LiNbO$_3$ 工艺平台，专注于高速光调制器等器件的研发和生产，如珠海光库科技股份有限公司、法国 Photline。二氧化硅 SiO$_2$ 光子集成工艺平台，专注于无源光波导器件的集成研发和生产，如河南仕佳光子科技股份有限公司、韩国 Fi-Ra。磷化铟 InP 光子集成工艺平台，专注于激光器、光探测器、光调制器等器件的集成研发和生产，国外 InP 集成工艺相对较成熟。绝缘衬上硅 SOI 光子集成工艺平台，近几年发展最为火热，基于硅 CMOS 工艺，可实现除激光器之外的几乎所有光功能芯片的直接集成，适合大规模生产；国内代工平台有重庆联合微电子（CUMEC），国外最为知名的代工平台是比利时的微电子研究中心（Interuniversity Microelectronics Centre，IMEC）。氮化硅/氮氧化硅光子集成工艺平台是最近才发展的，主要原因是 SiO_2 光波导芯包层折射率差，难以超过 2.0%，而 SiN_x/SiO_xN_y 折射率 1.9963@1.55 μm，可实现大的折射率差，代工平台有 IMEC、LioniX、Ligentec 等。光学玻璃主要是采用离子交换工艺，目前仅在平面光波导分路器等芯片制造上有所使用，从严格意义上来说，不能算是集成工艺。

体铌酸锂光波导主要是采用质子交换工艺制造光波导，从严格意义上来说，不能算是集成工艺。体铌酸锂具有电光效应高、（$r_{33}=27$ pm/V@1550 nm）、较大的折射率（$n_o=2.21$，$n_e=2.14$@1550 nm）、较宽的透明波长窗口（0.35～5 μm）、优良的非线性光学特性及稳定的物理和化学特性等优点，是制造高速率光调制器的最好材料。近几年随着绝缘衬上铌酸锂薄膜材料（Lithium Niobate-on-insulator，LNOI）的发展，LNOI 光子集成工艺平台也开始出现，特别是在 2017 年，结合微纳刻蚀工艺、超低损耗（0.027 dB/cm）和高光学限制的铌酸锂波导在 LNOI 平台被研发出来，开启了铌酸锂在集成光子学、微波光子学等领域应用的大门；与此同时，超过 100 GHz 调制带宽的 LNOI 集成电光调制器也被验证，未来通过进一步优化设计和工艺，并引入更高阶的调制方式后，也有望实现 Tbit/s 级的高速光收发模块。

基本构成元素	InP	最通用平台 SiPh	SiN	玻璃	聚合物	熔融石英	LiNbO$_3$
无源器件	++	++	+++	+++	+++	+++	混合
偏光元件	++	++	++	+	混合	混合	混合
激光	+++	混合	混合	混合	混合	混合	混合
调制器	+++	++	++	混合	混合	混合	++++
开关	++	++	+	+	+	+	混合
光放大器	+++	混合	混合	混合	混合	混合	混合
探测器	+++	++	混合	混合	混合	混合	混合
优势	最适合激光主动集成	·最适合光电一体化 ·尺寸最小	·低成本 ·小尺寸	工艺简单，低成本	与S/InP平台兼容	低损耗，低成本	很好的调制功能
缺点	·波长限制在1.3～1.7 μm ·大规模生产成本高 ·复杂的Epi	光波进出困难	材料特性取决于工艺	功能少	可靠性/热管理存在问题	不具备有源功能	损伤阈值低
行业现状	产能上升期	大批量生产	小批量生产	试生产	研发期	大批量生产	大批量生产

Luxtera (SiPh)　　Infinera (InP)　　LioniX (SiN)　　TEEM (glass)　　Lightwave Logic　　AWG (Silica PLC)　　LiNbO$_3$

图 2.0.1　光电集成工艺平台材料及器件

应用	长距离网络通信	数据中心连接	5G无线接入网络	汽车互联	传感器	医学
产品实例	相干光收发器 AWG调制器	光收发器(100～400G) 嵌入式光器件(200G) 光开关 光分路器	光收发器 (28G)	用于车内互联的光收发器	激光雷达 气体传感器	OTC血液分析
波长段	1310～1550 nm	1310～1550 nm	1310～1550 nm	>700 nm	900～7000⁺nm	400～1500 nm
主要 PLC 平台 — SiPh	■	■	■	■	■	
InP	■	■			■	
SiN	■	■				
聚合物	■					
玻璃		■				
熔融石英	■	■				
LiNbO₃	■					

图 2.0.2　光电集成工艺平台材料及应用

目前，对于光子集成相关技术研究较多、争论比较集中的主要是以下两大类：一类是基于 InP 光子集成，另一类是 SOI 光子集成，前者制备的光电器件性能优异，后者硅 CMOS 工艺成熟，更适合大规模生产。

本篇案例主要介绍四类典型的光子集成制造工艺平台，即二氧化硅 SiO_2（含 SiN_x/SiO_xN_y）光子集成工艺平台、绝缘衬上硅 SOI 光子集成工艺平台、磷化铟 InP 光子集成工艺平台和绝缘衬上铌酸锂薄膜 LNOI 光子集成工艺平台，介绍各工艺平台的发展过程、工艺流程、工艺设计套件（Process Design Kit，PDK）规范以及典型器件的制造过程，让学生在学习案例的过程中了解和掌握光电子芯片集成制造工艺的原理和过程。

案例 2.1　二氧化硅光子集成

二氧化硅（SiO_2）光子集成工艺是发展最早也是最成熟的光子集成工艺。二氧化硅光波导，也即熔融石英光波导，它以二氧化硅为主体材料，同时掺杂少量的二氧化锗（GeO_2）、二氧化钛（TiO_2）、五氧化二磷（P_2O_5）等，以改变折射率，作为光传输媒介的波导，衬底可以是硅、熔融石英玻璃、玻璃、铌酸锂等。基于二氧化硅的集成光器件因其具有低损耗、折射率可调、与单模光纤耦合损耗低等优点而广泛应用于光纤通信系统与光纤传感系统，包括平面光波导分路器、阵列波导光栅（AWG），如图 2.1.1 所示。目前在人工智能和神经网络光计算方面也有应用。

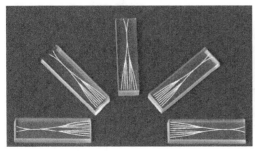 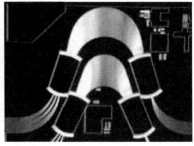

(a) 平面光波导分路器   (b) 阵列波导光栅

图 2.1.1 二氧化硅光波导器件

2.1.1 SiO₂/Si₃N₄/SiOₓNᵧ光子集成及其发展

1. SiO₂ 光子集成

光集成最早可以追溯到 1969 年 Miller 提出的集成光路的概念，1972 年 Somekh 和 Yarive 提出了在同一材料衬底上同时集成光器件和电子器件的构想，至此拉开了光集成技术发展的序幕。20 世纪 80 年代末，法国 LETI 和美国 Bell 基于化学气相沉积（Chemical Vapor Deposition， CVD）和反应离子刻蚀（Reactive Ion Etching， RIE）工艺制作二氧化硅光波导，日本电报电话公司 NTT 采用水解火焰法（Flame Hydrolysis Deposition， FHD）和 RIE 工艺来制作二氧化硅光波导，表 2.1.1 给出了二氧化硅光波导的制作工艺、特性、典型器件和研究机构。日本 NTT 将该技术称为平面光波导回路工艺（Planar Lightwave Circuit，PLC），至今已发展至第 6 代 PLC 工艺。图 2.1.2 是日本 NTT 给出的 PLC 技术发展路线，从简单的光功率分配器件到波分复用器件，再到光功率可调的波分复用器件，再到阵列光开关，再到功能复杂的光信号处理器件；基础技术包括 PLC 设计与制造、光纤耦合、可靠性、光电封装、混合集成、相位修正、模板转换、折射率控制等。第 6 代 PLC 技术是采用平面光波导分路器与 LiNbO₃ 光调制器混合集成的正交相移键控（QPSK）光调制器，目前已实现 64 位正交振幅调制（QAM），应用于大容量光纤网络。

表 2.2.1　二氧化硅光波导制作工艺、特性、典型器件和研究机构

类型	材料	制造工艺	折射率差 $\Delta/\%$	芯片尺寸 $/\mu m^2$	最小弯曲半径/mm	传播损耗/(dB/cm)	应用场合	公司	参考
低折射率差波导	SiON	PECVD	0.48	6×5	13	0.3	3dB 耦合器	Alcatel	(4)
	SiO_2-P_2O_5	PECVD	0.7	4.5×2	15	0.028	环潜振器	LETI	(5),(6)
	SiO_2-P_2O_5	LPCVD	0.5	5×2~6.5×4	10	0.026	复用/解复用器、马赫-曾德尔干涉仪、星型耦合器、阵列波导光栅	Bell	(7),(8)(9),(10)
	SiO_2-P_2O_5	LPCVD	0.36~0.53	7×3~5×5	—	—	复用/解复用器	Hitachi cable	(11)
	SiO_2-TiO_2	电子束曝光	0.25~0.7	6×6~8×8	—	0.05~0.1	复用/解复用器、星型耦合器	Hitachi cable	(12),(13)
	SiO_2-TiO_2	FHD	0.3	8×8	30	0.1	耦合器	Hitachi cable	(14)
	SiO_2-TiO_2	FHD	0.25~0.75	6×6~8×8	5~25	0.1	分路器、耦合器、马赫-曾德尔干涉仪、复用/解复用器	NTT	(15),(16)(17)
	SiO_2-GeO_2	电子束曝光	0.25	8×8	—	0.08	复用/解复用器、星型耦合器	Hitachi cable	(12)
	SiO_2-GeO_2	FHD	0.25~0.75	6×6~8×8	5~25	0.01~0.02	分路器、星型耦合器、矩阵开关	NTT	(18),(19)(20)
高折射率差波导	SiO_2-As_2O_3	—	2.0	3×3	1.0	0.58	20 cm 光延迟线	BT	(21)
	Si_3N_4	LPCVD	37.7	2×0.12	—	0.3	复用/解复用器、数值孔径转换器	Bell	(22),(23)
	Si_3N_4	LPCVD	2.0	—	—	0.1	复用/解复用器	LETI	(5)
	$SiO_x N_y H_z$	PECVD	2.0	4.2×1.3	—	0.12	—	Hitachi cable	(24)
	Al_2O_3	溅射	12.7	2×0.25~2×6	0.3~1	1.5	3 dB 耦合器、阵列波导光栅	University of Deth	(25),(26)
	SiO_2-GeO_2	FHD	1.5	4.5×4.5	2.0	0.07	复用/解复用器、双环谐振器、光色散均衡器	NTT	(27),(28)(29)
	SiO_2-GeO_2	FHD	2.0	3×3~3×5	1.5	0.10	200 cm 环谐振器	NTT	(30),(31)
	SiO_2-Ta_2O_3	溅射	5.6	2×1.1	0.5	0.6	阵列波导光栅	NTT	(32),(33)

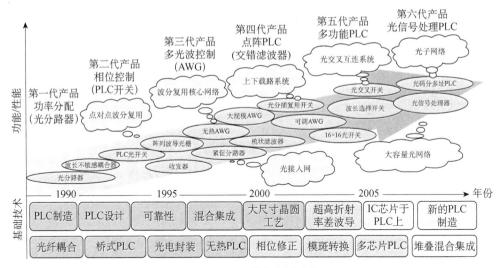

图 2.1.2　PLC 技术发展路线

　　基于二氧化硅光波导的器件有光分路器（也称平面光波导分路器）、波长不敏感耦合器、PLC 光开关、阵列波导光栅 AWG、可调 AWG、阵列光开关、波长选择开关、光分插复用开关、光码分多址 PLC 器，广泛应用于光纤通信网络、光纤传感网络以及光计算等领域。二氧化硅折射率与波长间的关系如图 2.1.3 所示。二氧化硅光波导根据芯包层折射率差可分为低、中、高和超高折射率差四类，如表 2.1.2 所示，芯包层折射率差越大，芯片尺寸越小；折射率差越小，芯片尺寸越大。通常会根据具体应用而选择合适的芯包层折射率差。

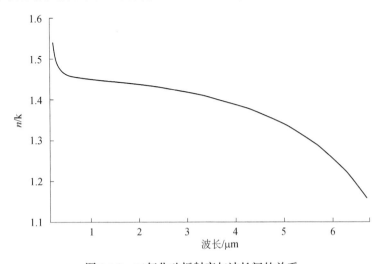

图 2.1.3　二氧化硅折射率与波长间的关系

表 2.1.2　二氧化硅 SiO₂ 光波导芯包层折射率差及其特性

	折射率差，Δ/%	芯层尺寸/μm	最小弯曲半径[①]/mm	传输损耗/(dB/cm)	耦合损耗[②]/(dB/点)	典型应用
低 Δ	0.25	8×8	25	<0.01	<0.1	分路器
中 Δ	0.45	7×7	12	0.02	~0.1	分路器
高 Δ	0.75	6×6	5	0.03	0.5	AWG、光开关
超高 Δ	1.5~2.0	4.5×4.5~3×3	2	0.05	2.0	AWG、光开关

注：①90°弯曲，<0.1 dB；②与标准单模光纤。

　　基于二氧化硅光波导以二氧化硅为主体材料，同时掺杂少量的二氧化锗（GeO₂）、二氧化钛（TiO₂）、五氧化二磷（P₂O₅）等以改变折射率，掺杂浓度越大，可实现的芯包层折射率差也就越大，由于热膨胀系数的不匹配，导致片内残余应力也越大，很难实现芯包层折射率差大于 2.0% 的二氧化硅光波导。

2. Si₃N₄ 光子集成

　　氮化硅（Si₃N₄）材料是 CMOS 工艺中经常使用的材料之一，通常用作芯片抗侵蚀的钝化层和离子扩散截止层。在热学方面，氮化硅在空气中的分解温度为 1800℃，且具有较高的强度和抗冲击性，当温度达到 1200℃ 以上时才会随时间的增加出现破损；其热膨胀系数较小，约为（2.9~3.6）×10⁻⁶/℃，导热系数高，从而耐热冲击性好，将其加热到 1000℃ 后投入冷水中也不会开裂。在化学方面，氮化硅化学性质稳定、耐腐蚀，除氢氟酸外不与其他无机酸反应，当温度超过 800℃ 时会在表面生成氧化硅膜，随着温度的升高氧化硅膜逐渐变得稳定，1070℃ 左右可与氧生成致密的氧化硅膜，至 1400℃ 都可以基本保持稳定；且氮化硅作为共价键化合物，很难致密，比重小，密度为 3.1~3.2 g/cm³，比钛合金密度（约 4.5 g/cm³）要低，而不同的成型方法和气体比例使氮化硅的密度也会不一样。在光学方面，氮化硅 Si₃N₄ 具有很宽的透明窗口，从可见光到中红外，即 400~3500 nm，可以在光学的绝大多数场景下应用功能，且具有良好的光学特性，热稳定性高，传输损耗低，特别是在光通信波段 1250~1650 nm，氮化硅波导的传输损耗可接近 0.01 dB/cm。另一方面，氮化硅的折射率适中，如图 2.1.4 所示，避免了二氧化硅由于较低折射率而导致的芯片尺寸较大，也避免了硅这类高折射率材料，由于折射率差大而导致的散射损耗较大的问题。

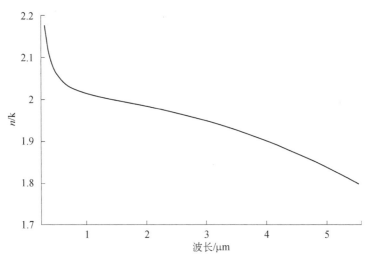

图 2.1.4   氮化硅 Si$_3$N$_4$ 折射率与波长间的关系

氮化硅薄膜可以通过一种成本低廉的薄膜沉积工艺获得，比如利用电感耦合等离子体化学气相沉积（ICP-CVD）方法，在 300℃下加入 SiH$_4$ 和 N$_2$ 作为反应气体，最终形成所需的氮化硅薄膜。而在沉积过程中，还可以通过调节生长工艺参数对氮化硅的折射率进行调控，如通过改变 SiH$_4$ 和 N$_2$ 的比率，可以改变氮化硅薄膜中硅原子的含量。当反应气体中 SiH$_4$ 的比例增加时，最终得到的氮化硅薄膜中硅原子的比例也将增加，氮化硅薄膜的折射率也随之增大，从而形成比普通氮化硅折射率要高的富硅氮化硅（Silicon-Rich Nitride，SRN）薄膜，而其他光学参数，如消光系数以及高阶非线性系数也会随着气体比例的改变而改变。又如，传统的物理气相沉积（PVD）方法是通过对纯氮化硅靶材进行磁控溅射制备氮化硅薄膜的，若将磁控溅射的靶材换成硅，并在制备过程中通入 N$_2$ 和 Ar 气体，从而通过调节 N$_2$/Ar 的气体浓度比例也可以获得不同折射率的富硅氮化硅材料。总的来说，氮化硅薄膜材料折射率的可调控范围一般在 1.9～3.2 之间，这个范围不仅覆盖了二氧化钛和氮化镓材料的折射率，还提供了一个在普通氮化硅和硅之间调整折射率，保证了较强的光局域效应和高密度器件集成潜力，并使得在设计上材料的选择范围更广。表 2.1.3 是近年来研究氮化硅光波导制备及其光波导的特性。

表 2.1.3   氮化硅光波导制备及其光波导的特性

组别	范围	λ/nm	基底	芯层	覆盖层	规模	宽度/nm	高度/nm	截止λ@宽度/nm	弯曲 R/μm	直波导损耗（dB/cm@λ（nm））
Gent/Baets	VIS	532	SiO$_2$ (h=2.0μm) HDP-CVD	SiN PECVD	SiO$_2$ (h=2.0μm)	Moderate	300 400 500	180	530@532		7.00@532 3.25@532 2.25@532

续表

组别	范围	λ/nm	基底	芯层	覆盖层	规模	宽度/nm	高度/nm	截止λ@宽度/nm	弯曲R/μm	直波导损耗/(dB/cm@λ(nm))
Aachen/Witzens	VIS	660	SiO₂/1.45（h＝?）	SiN/1.87 PECVD	SiO₂	中等	700	100	580	35（60）	0.51@600（0.71）
Gent/Baets	VIS+	780	SiO₂ (h＝2.4μm) HDP-CVD	SiN PECVD 1.89@780	SiO₂ (h＝2.0μm)	中等	500 600 700	220	900@780		2.25@780 1.50@780 1.30@780
Gent/Baets	VIS+	900	SiO₂ (h＝2.4μm) HDP-CVD	SiN PECVD	SiO₂ (h＝2.0μm)	中等	600 700 800	220	1100@900		1.30@900 0.90@900 0.62@900
IME/Lo	NIR	1270～1580	SiO₂ (h＝2.2μm)	Si₃N₄ LPCVD	SiO₂	中等	1000	400			0.32@1270 1.30@1550 0.40@1580
IME/Lo	NIR	1270～1580	SiO₂ (h＝3.32μm)	Si₃N₄ PECVD	SiO₂	中等	1000	400			0.45@1270 3.75@1550 1.10@1580
IME/Lo	NIR	1270～1580	SiO₂ (h＝3.32μm)	Si₃N₄ PECVD	SiO₂	中等	1000	600			0.24@1270 3.50@1550 0.80@1580
Trento/Pavesi	NIR	1550	SiO₂ (h＝2.5μm)	Multi-layer	Air/SiO₂	中等					1.50@1550
Sandia/Sullivan	NIR	1550	SiO₂ (h＝5.0μm)	Si₃N₄ LPCVD	SiO₂ (h＝4.0μm) PECVD or HDP	中等	800	150		500	0.11～1.45@1550
Twente/Driesen	NIR	1550	SiO₂/1.45（h＝?）	SiON PECVD	?	中等	2000～2500	140～190		25～50	0.20@633 0.20@1550
IME/Lo	NIR	1550	SiO₂ (h＝5.0μm) PECVD	SiN/2.03 (h＝400 nm) PECVD	SiO₂ (h＝2.0μm) PECVD	中等	700	400			2.1@1550
LioniX-UCSB	NIR	1550	SiO₂/1.45 (h＝8.0μm)	Si₃N₄ LPCVD	SiO₂/1.45 (h＝7.5μm)	低	2800	100		500	0.09@1550
LioniX-UCSB	NIR	1550	SiO₂/1.45 (h＝8.0μm)	Si₃N₄ LPCVD	SiO₂/1.45 (h＝7.5μm)	低	2800	80		2000	0.02@1550
Cornell/Lipson	NIR	1550	SiO₂ (h＝?)	Si₃N₄ LPCVD	SiO₂ (250 nm+2μm)	高	1800	910		115	0.04@1550
LionX	NIR	1550	SiO₂ (h＝8.0μm)	Si₃N₄ LPCVD	SiO₂ (h＝8.0μm)	高	700～900	800 1000 1200			0.37@1550 0.45@1550 1.37@1550
Toronto-IME/Poon	NIR	1270～1580	SiO₂ (h＝2.2μm)	Si₃N₄ LPCVD	SiO₂	中等	900	400			0.34@1270 1.30@1550 0.40@1580
Toronto-IME/Poon	NIR	1270～1580	SiO₂ (h＝3.32μm)	SixNy PECVD	SiO₂	中等	1000	600			0.24@1270 3.50@1550 0.80@1580
CNM-VLC	NIR	1550	SiO₂ (h＝2.0μm)	Si₃N₄ LPCVD	SiO₂ (1.50μm)	中等	800	300		150	2.00@1550
UCD/Yoo	NIR	1550	SiO₂ (h＝?)	Si₃N₄ LPCVD	SiO₂ (h＝2.0μm)	中等	2000	200		50	0.30@1550
LigenTec	NIR	1550	SiO₂ (0.13～3.5μm) 热氧化	Si₃N₄ LPCVD	SiO₂	高	2000	800		119	?
Chalmers/Torres	NIR	1550	SiO₂ (h＝2.0μm)	Sirich SiNₓ LPCVD	SiO₂ (h＝2.0μm)	高	1650	700		20	1.00@1550

续表

组别	范围	λ/nm	基底	芯层	覆盖层	规模	宽度/nm	高度/nm	截止λ@宽度/nm	弯曲R/μm	直波导损耗/(dB/cm@λ(nm))
Ghuagzhou/Shao	NIR	1550~1600	SiO₂ (h=2.0 μm)	Si₂N_y ICP-CVD	?	中等	1400	600		40	0.79@1575
Columbia/Lipson	NIR+	2300~3500	SiO₂ (h=4.5 μm)	Si₃N₄ LPCVD	SiO₂ (500 nm+2 μm)	高	2700	950	2500	230	0.60@2600
MIT/Agarwal	NIR+	2400~3700	SiO₂/1.45 (h=4 μm)	Sirich SiN_x LPCVD	SiO₂	高	4000	2500		200@260 200@3700	0.16@2650 2.10@3700

氮化硅的非线性系数较高，为 $2.4×10^{19}$ m²/W，除了作为光传输介质以外，还可利用其非线性效应制作基于微环谐振器的光频率梳、倍频程超连续谱器和波长转换器以及大功率高增益非线性光学器件等。

氮化硅光波导在绝缘衬上硅光子集成技术中也有应用，主要用来制作模斑转化器（Spot-Size-Converter，SSC），如图 2.1.5 所示。

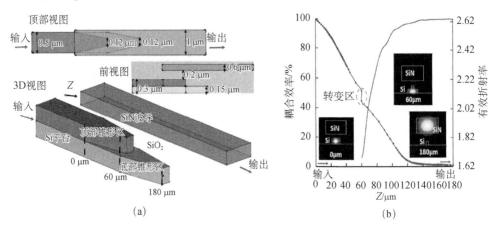

图 2.1.5 绝缘衬上硅光子集成中利用氮化硅光波导制作的 SSC

3. SiOₓN_y 光子集成

氮氧化硅是二氧化硅和氮化硅的中间相，其光学性能和电学性能介于两者之间，可通过改变化学组成，即改变 x 和 y，在一定范围内调控折射率（1.47~2.3@632.8 nm）和介电常数（3.9~7.8），制备方法有 CVD 法、溅射、高温氮化/氧化法以及离子植入法等。氮氧化硅光波导通常采用CVD法制作（表 2.1.4）。

采用 CVD 法制作氮氧化硅光波导内部结构，一般认为 O 只与 Si 成键，而 N 原子除与 Si 成键外，还会形成悬空键。含氮量低时，得到类似二氧化硅的氮氧化硅，是单相材料；含氮量高时，得到类似氮化硅的氮氧化硅，是两相共存材料。采用 CVD 法制作氮氧化硅光波导的优点是沉积速度快、成膜均匀、可控、沉积温度低等，缺点是等离子体增强化学气相沉积（Plasma Enhanced

Chemical Vapor Deposition，PECVD）和 低压力化学气相沉积（Pressure Chemical Vapor Deposition，LPCVD）法都很难避免 H 的存在。氮氧化硅光波导组分含量不同会影响其传输特性，其组分变化，会影响 Si—O、Si—N、Si—H 和 N—H 键的形成，导致其吸收峰发生变化。光波导中 Si—H 和 N—H 键的存在会使 1460～1620 nm 波段产生吸收，造成传输损耗。

表 2.1.4　CVD 法制作氮氧化硅光波导

方法	原料	物质的量比	沉积条件
PECVD	SiH_4、NH_3、N_2O	NH_3/SiH_4=0.67～1.88 NH_3/N_2O=1～45	400℃、10～30 Pa
	SiH_4、N_2O	—	175℃、300℃
LPCVD	SiH_4	—	620℃、47.99～53.33 Pa
RF-PECVD	SiH_4、NH_3、N_2O	$N_2O/（SiH_4+NH_3）$=0.31～1.56	120 Pa
ECR-PECVD	SiH_4、N_2O	N_2O/SiH_4=0.5	400℃
IC-PECVD	SiH_4、Ar、N_2	Ar/N_2=2～16	90～250℃、1～6 Pa

氮氧化硅光波导结构形式有多种，如形成阶跃折射率分布的脊形/条形光波导、梯度折射率分布的脊形/条形光波导以及多层介质光波导，如图 2.1.6 所示。氮氧化硅光波导还可在绝缘衬上硅光子集成技术中应用，用于模斑转换器的制作，如图 2.1.7 所示。

（a）条形阶跃折射率分布的条形氮氧化硅光波导

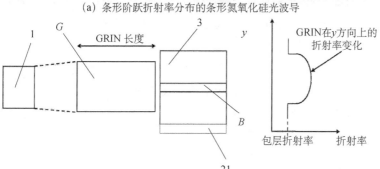

（b）梯度折射率分布的条形氮氧化硅光波导

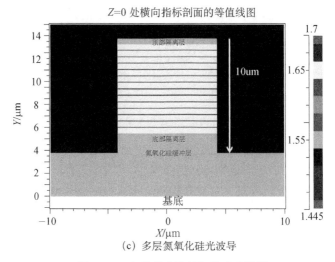

（c）多层氮氧化硅光波导

图 2.1.6　多种形式的氮氧化硅光波导

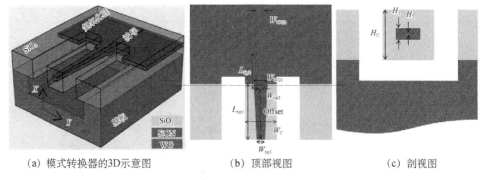

（a）模式转换器的3D示意图　　（b）顶部视图　　（c）剖视图

图 2.1.7　SOI 光子集成中利用氮氧化硅光波导制作的 SSC

2.1.2　制造工艺平台及 PDK

工艺设计套件（PDK）是沟通芯片设计公司、代工厂（Foundry）与 EDA（Electronic Design Automation）厂商的桥梁，是集成电路制造工艺的重要组成部分，在光子集成制造工艺中也同样适用，如图 2.1.8 所示。PDK 用代工厂的语言定义了一套反映代工厂工艺的文档资料，是设计公司用来做物理验证的基石，也是流片成败关键的因素。PDK 包含了反映制造工艺基本的"积木块"，在集成电路领域主要是晶体管、接触孔、互连线等；在集成光子制造领域则是基本光功能单元、直波导、弯曲波导等。除 PDK 的参考手册（Documentation）外，PDK 的内容还包括：①器件模型（Device Model），由代工厂提供的仿真模型文件；②Symbols&View，用于原理图设计的符号，参数化的设计单元都通过了

SPICE 仿真的验证；③组件描述格式（Component Description Format，CDF）& Callback，器件的属性描述文件，定义了器件类型、器件名称、器件参数及参数调用关系函数集 Callback、器件模型、器件的各种视图格式等；④参数化单元（Parameterized Cell，Pcell），由 Cadence 的 SKILL 语言编写，其对应的版图通过了 DRC 和 LVS 验证，方便设计人员进行 原理图驱动的版图（Schematic Driven Layout）设计流程；⑤技术文件（Technology File），用于版图设计和验证的工艺文件，包含 GDSII 的设计数据层和工艺层的映射关系定义、设计数据层的属性定义、在线设计规则、电气规则、显示色彩定义和图形格式定义等；⑥物理验证规则（PV Rule）文件，包含版图验证文件 DRC/LVS/RC 提取，支持 Cadence 的 Diva、Dracula、Assura 等。

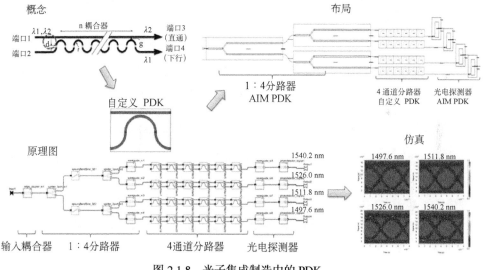

图 2.1.8　光子集成制造中的 PDK

1. 二氧化硅光子集成 PDK

二氧化硅光子集成技术发展最早，技术也最为成熟，但直到现在也没有出现专业的代工厂，均是各研究单位或企业，或许是因为二氧化硅光子集成工艺平台建设成本相对较低，无须通过代工厂来制造；也或许是因为企业害怕技术泄露。目前有能力生产二氧化硅光子集成器件的企业主要有日本 NTT、美国 NeoPhotonics、韩国 Fi-Ra、河南仕佳光子科技股份有限公司、博创科技股份有限公司（收购 Kaiam 英国 PLC 工厂）等。

2021 年，科技部发布"信息光子技术"国家重点研发计划"十四五"重点专项项目申报指南，明确提出要求针对我国 PLC 光子集成芯片工艺平台加工能力不足的问题，建设开放共享的 SiO₂ 基 PLC 光子集成加工工艺平台，建设和完善 SiO₂ 基 PLC 光子集成工艺线，开发标准化的 SiO₂ 基 PLC 光子集成芯片的仿真设计软件、标准工艺 PDK。

2. Si₃N₄ 光子集成 PDK

氮化硅（Si₃N₄）光子集成 PDK 的发展是随着绝缘衬上硅光子集成技术发展而来的，氮化硅光波导的折射率介于二氧化硅和硅之间，且传输损耗低，用于绝缘衬上硅光波导端面耦合模斑转换器的制作。氮化硅光波导有其独特的优势，后逐渐发展为一类光子集成体系，目前可通过 MPW（Multi-project-wafer，多项目晶圆，多客户共享一张晶圆的模式）提供氮化硅光波导代工的工厂有 INPHOTEC、LioniX、CNM、IMEC、APSUNY、TowerJazz、LIGENTEC 和 CORNERSTONE，其中LIGENTEC 是专门从事氮化硅光子集成代工的平台，CORNERSTONE 是英国一家开源代工厂，其他代工厂同时还能提供绝缘衬上硅光子集成代工。以上这些公司均提供氮化硅光子集成 PDK，除开源 PDK 之外，其他代工厂的 PDK 均需签订相关协议才能获得，且只能供自己使用，不能转借或外发。

3. SiOₓNᵧ 光子集成 PDK

氮氧化硅（SiOₓNᵧ）光子集成目前还没有形成标准的 PDK，目前可知的是加拿大 POET Technologies 公司在马来西亚 SilTerra 代工厂进行代工，生产该公司开发的基于多层氮氧化硅（SiOₓNᵧ）光波导的光中介层（Optical Interposer，也称为光插入器），用于该公司晶圆级规模化生产，实现单芯片和完全集成的光学引擎。

2.1.3　工艺流程及其关键工艺

典型 SiO₂ 光子集成工艺流程如图 2.1.9 所示。

（1）沉积下包层。根据衬底材料的不同，沉积下包层的方法也不一样。选择 Si 作为衬底，需先在 Si 衬底上沉积一层 SiO₂ 作为下包层，折射率要求控制在 1.457@632.8 nm，厚度 10～15 μm，低残余应力。

选择高纯熔融石英玻璃作为衬底，则可用 PECVD（等离子体增强化学气相沉积法）来沉积，典型工艺气体为 SiH₄、N₂O。薄膜沉积完成之后，进行高温退火。折射率一般控制在 1.457@632.8 nm，厚度 10～15 μm，低残余应力。工艺模式可以是一腔多片或者是多腔多片，设备可选用 Novellus C1、SPTS Delta fxP/c2L 等。

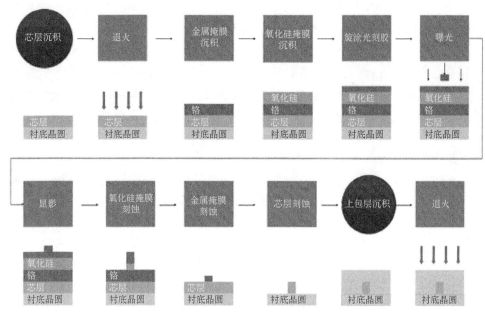

图 2.1.9　典型 SiO₂ 光子集成工艺流程

（2）沉积光波导芯层。沉积方法主要有两种，火焰水解法（Flame Hydrolysis Deposition，FHD）和 PECVD。FHD 由日本 NTT 发明。典型工艺气体为 SiCl₄、GeCl₄、H₂ 和 O₂。PECVD 的典型工艺气体为 SiH₄、GeH₄、N₂O。薄膜沉积完成之后，在 He 和 O₂ 的气氛中高温退火。根据平面光波导器件的设计要求，控制芯层折射率与下包层折射率差为 0.3%、0.45%、0.75%、1.5% 等，均匀性小于 0.0005；厚度 3～8 μm，均匀性小于 2.5%。工艺模式可以是一腔多片或者是多腔多片，设备可选用 Novellus C1、SPTS Delta fxP/c2L 等。

（3）掩膜。仅采用光刻胶作为掩膜层，在刻蚀芯层光波导的时候，光刻胶也被刻蚀了。如此则要求厚的光刻胶，厚光刻胶成膜、均匀性等较难控制，通常采用复合掩膜的方式。可采用金属掩膜，如 Cr 或 Al，也可采用多晶硅掩膜。金属掩膜可采用 PVD（物理气相沉积）溅射的方式沉积。晶体掩膜可采用 LPCVD（低气压化学气相沉积）法进行。

（4）光刻。光刻是把设计好的版图转移到芯层光波导上。包括涂胶、前烘、曝光、坚膜、显影、后烘等。工厂批量化过程中，只需 2 台设备即可完成，一台轨道式涂胶显影机完成除曝光以外的所有工艺，一台光刻机完成曝光工艺。涂胶显影机可选用日本 TEL 或沈阳芯源 KS-L150，效率高。光刻机可选用步进扫描式或接触式，接触式如 SUSS MA-150，生产效率略低，需要经常清洗光刻版。步进式生产效率高，设备价格也高，可选用尼康的 NSR 系列或上海微电子（集团）股份有限公司装备的 200 系列。

（5）刻蚀。刻蚀金属或晶体掩膜和光波导芯层，刻蚀残留光刻胶、掩膜可采用湿法化学腐蚀除去。为了保证掩膜精度，通常采用 RIE（反应离子刻蚀法）刻蚀掩膜层，速率慢、刻蚀精度高。采用 ICP（感应耦合等离子刻蚀）刻蚀光波导芯层，速率快、方向性好，要求光波导侧壁刻蚀粗糙度小于 200 nm，否则过大的侧边粗糙度将会引起大的传输损耗。刻蚀机台可采用单机多腔室组合，如 SPTS fxP/c2L 平台、AMAT CENTURA 平台等。

（6）沉积上包层。刻蚀完成后，经过清洗，然后可进行上包层沉积。可采用 FHD 法和 PECVD 法。PECVD 法典型工艺气体为 SiH_4、N_2O，需要进行多次沉积多次退火，不能一次完成，否则过厚的薄膜在退火中易析出晶体或在表面产生龟裂，尽管可在包层中掺杂少量的 B_2O_3 和 P_2O_5 来提高 SiO_2 的热膨胀系数，同时降低 SiO_2 的软化温度，但仍然很难控制其中的残余应力。多次沉积多次退火工艺难控制。采用 FHD 法，优化退火工艺，可一次性完成成膜和退火。

除上述工艺以外，还包括清洗、去残留光刻胶、去残留氧化硅掩膜、去残留金属掩膜和测试。清洗是去除来料晶圆表面的颗粒、油污、金属污染物等污染杂质，以及制造过程中产生的颗粒，多采用 SC-1 过氧化氮混合物（Ammonia Peroxide Mixture，APM）标准清洗，NH_4OH（28%）：H_2O_2（30%）： H_2O=1：1：5～1：2：7，70～80℃，10 min。去残留光刻胶可用氧（O_2）等离子体灰化，但有时由于氟基离子刻蚀的作用，光刻胶变性，氧等离子体很难灰化，可采用显影液等液体浸泡以彻底去除残留光刻胶。去残留金属掩膜可采用相应的刻蚀液进行清洗，图 2.1.9 中采用铬（Cr）作为金属掩膜，可以采用硝酸铈铵（$Ce(NH_4)_2(NO_3)_6$）刻蚀液进行浸泡。测试主要是对光波导芯包层折射率和厚度的测量以及缺陷的检测，折射率和厚度的测量可采用棱镜耦合仪或椭偏仪，缺陷检测可用高倍数显微镜。

光刻根据光波导特征尺寸选用合适的光刻机，光波导特征尺寸≥1.5 μm 的可采用接触式光刻机进行曝光；光波导特征尺寸<1.5 μm 的可采用步进扫描式光刻机进行曝光。采用步进扫描式光刻机曝光需要注意光刻机的一次曝光所能覆盖的区域，所设计的集成光芯片放大 4 倍或 5 倍后不能超过该区域。步进扫描式光刻机一次曝光所能覆盖的区域一般为 26 mm×33 mm，也有的可达 44 mm×44 mm（NSR-4425 i，比例 1：2.5）。如果所设计的集成光芯片尺寸过大，特征尺寸较小且尺寸精度要求较高，则可以采用步进扫描式光刻机拼接曝光。标准光刻工艺流程如图 2.1.10 所示。

Si₃N₄/SiOₓNᵧ 光子集成工艺流程同 SiO₂ 光子集成工艺流程，Si₃N₄/SiOₓNᵧ 光波导可实现的芯包层折射率差较大，故而芯层沉积和刻蚀的厚度小于 SiO₂ 光波导，刻蚀掩膜采用单层或双层即可满足刻蚀选择性。不过 Si₃N₄ 光子集成工艺也有其独特的模式，瑞士 EPFL（洛桑联邦理工学院）微纳技术中心成员于 2016 年创办 LIGENTEC，提出了一种大马士革工艺，如图 2.1.11 所示，首先在 SiO₂ 介质层刻蚀出波导凹槽图形和两侧释放应力的凹槽图形，然后再沉积氮化硅，这样在完成波导制作的同时又避免了氮化硅的崩裂，随后通过化学机械抛光（Chemical Mechanical Polishing，CMP）平坦化处理，高温退火，沉积上包层，再退火，至此完成无源部分的加工。

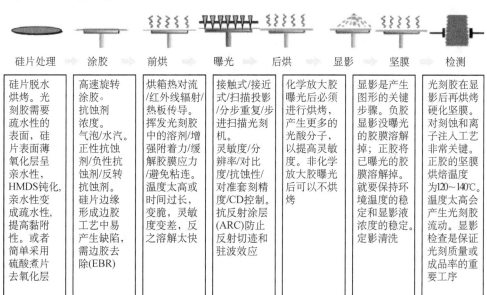

硅片处理	涂胶	前烘	曝光	后烘	显影	坚膜	检测
硅片脱水烘烤。光刻胶需要疏水性的表面，硅片表面薄氧化层呈亲水性，HMDS钝化，亲水性变成疏水性，提高黏附性。或者简单采用硫酸煮片去氧化层	高速旋转涂胶。抗蚀剂浓度。气泡/水汽。正性抗蚀剂/负性抗蚀剂/反转抗蚀剂。硅片边缘形成边胶工艺中易产生缺陷，需边胶去除(EBR)	烘箱热对流/红外线辐射/热板传导。挥发光刻胶中的溶剂/增强附着力/缓解胶膜应力/避免粘连。温度太高或时间过长，变脆，灵敏度变差，反之溶解太快	接触式/接近式/扫描投影/分步重复/步进扫描光刻机。灵敏度/分辨率/对比度/抗蚀性/对准套刻精度/CD控制。抗反射涂层(ARC)防止反射刻迹和驻波效应	化学放大胶曝光后必须进行烘烤，产生更多的光酸分子，以提高灵敏度。非化学放大胶曝光后可以不烘烤	显影是产生图形的关键步骤。负胶显影没曝光的胶膜溶解掉；正胶将已曝光的胶膜溶解掉。就要保持环境温度的稳定和显影液浓度的稳定。定影清洗	光刻胶在显影后再烘烤硬化坚膜。对刻蚀和离子注入工艺非常关键。正胶的坚膜烘焙温度为120～140℃。温度太高会产生光刻胶流动。显影检查是保证光刻质量或成品率的重要工序

图 2.1.10　标准光刻工艺流程

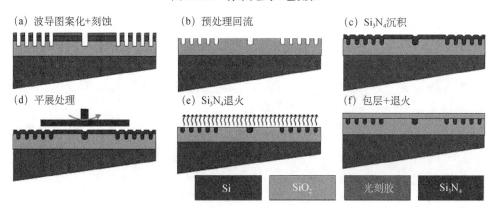

(a) 波导图案化+刻蚀　　(b) 预处理回流　　(c) Si₃N₄沉积

(d) 平展处理　　(e) Si₃N₄退火　　(f) 包层+退火

Si	SiOₓ	光刻胶	Si₃N₄

图 2.1.11　LIGENTEC 的 Si₃N₄ 大马士革工艺

SiO$_2$/Si$_3$N$_4$/SiO$_x$N$_y$ 光子集成工艺的关键步骤之一是芯层光波导的沉积和刻蚀，芯层光波导沉积特性、结构尺寸和形貌精度是影响其功能属性的关键，特别是光波导侧壁粗糙度。对于 SiO$_2$ 光波导，20 nm 的粗糙度可导致超过 0.3 dB/cm 的传输损耗，如图 2.1.12 所示。Si$_3$N$_4$/SiO$_x$N$_y$ 光波导侧壁粗糙度对其传输损耗的影响更大，解决的方法是刻蚀之后先湿法腐蚀（低浓度）再高温退火，可减小光波导侧壁粗糙度。

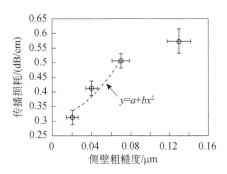

图 2.1.12　SiO$_2$ 光波导侧壁粗糙度与传输损耗的关系

SiO$_2$/Si$_3$N$_4$/SiO$_x$N$_y$ 光子集成工艺的另一关键步骤是光波导中应力的控制。对于 SiO$_2$ 光波导，芯层厚度 3～8 μm，包层厚度超过 15 μm，高温退火时由于芯包层以及衬底材料热膨胀系数不匹配，导致较大的残余应力。另一方面，光波导结构等也会造成结构应力。残余应力会导致晶圆开裂以致报废，或由于应力致光的偏振，造成偏振相关损耗。光波导残余应力可通过沉积工艺参数进行调控，如射频（RF）功率等。

2.1.4　混合/异构集成

SiO$_2$/Si$_3$N$_4$/SiO$_x$N$_y$ 材料是非常好的制造光波导的材料，折射率可调范围较宽、传输损耗低、与标准单模光纤耦合损耗低，特别是 SiO$_2$ 材料，传输损耗<0.1 dB/cm，与标准单模光纤耦合损耗<0.1 dB/点。但是 SiO$_2$/Si$_3$N$_4$/SiO$_x$N$_y$ 材料不能发光，也不能进行光的探测，不能制造有源光器件，所以很长一段时间以来仅局限于无源光子器件的集成。

日本 NTT 是最早提出平面光波导回路（Planar Lightwave Circuit, PLC）技术的研究机构，此后一直致力于 SiO$_2$ 光波导集成技术的研究，如图 2.1.13 所示，包括多功能与阵列无源 SiO$_2$ 光波导器件的同质集成、Ⅲ-Ⅴ族有源光电器件的混合/异构集成。功能与阵列集成，相对较容易，如阵列波导光栅（AWG）、可调光衰减器（VOA）和模斑转换器（SSC）集成在一起构成可调波分复用器

（VMUX），如图 2.1.14（a）所示。混合/异构集成则复杂很多，如功率合束器、光探测器（PD）、激光器（LD）和光调制器（EAM）集成在一起构成的集成光发射组件，如图 2.1.14（b）。日本 NTT 于 2006 年开发出 SiO$_2$ 光波导与铌酸锂 LiNbO$_3$ 混合/异构集成的光调制器，结构如图 2.1.15 所示，可实现 100G 的 PDM-QPSK（脉冲宽度-正交相移键控调制）、ODFM-QPSK（正交频分复用-正交相移键控）和 64QAM（64 态相正交振幅调制）光调制。SiO$_2$ 光波导混合/异构集成需要解决的问题包括：①如何贴装激光器 LD、光探测器 PD 等 III-V 族有源光电器件；②有源器件与 SiO$_2$ 光波导低损耗耦合；③气密性；④热隔离，等等问题。

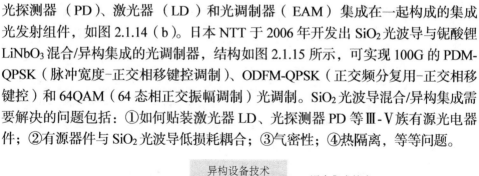

图 2.1.13　日本 NTT 提出的基于 SiO$_2$ 光波导混合/异构集成

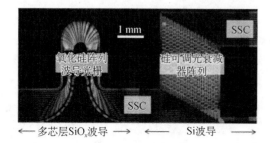

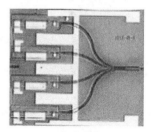

（a）功能与阵列集成　　　　　　　（b）混合/异构集成

图 2.1.14　SiO$_2$ 光波导器件集成

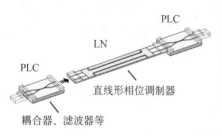

图 2.1.15　SiO$_2$ 与 LiNbO$_3$ 混合/异构集成的光调制器结构和实物

2020 年加拿大 POET Technologies 公司通过采用分布反馈（DFB）结构设计激光器并成功倒装（Flipchip）封装在其光中介层（Optical Interposer，也称为光插入器，图 2.1.16 中的波导层）上，实现了成本最低、尺寸最小（9mm × 6 mm）的 100G CWDM4 光学引擎混合集成，包括四颗激光器、四颗背光探测器、四颗高速光探测器、一颗波分复用器、一颗波分解复用器的组合，以及一个自对准光纤连接单元，根据需要还可实现气密性封装，实物如图 2.1.17 所示。该公司的 Optical Interposer 采用 SiO_xN_y 材料制造而成，光波导结构如图 2.1.6（c）所示，为多层 SiON 光波导。

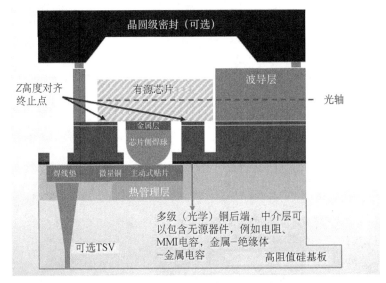

图 2.1.16 POET Technologies 公司提出的混合集成方案

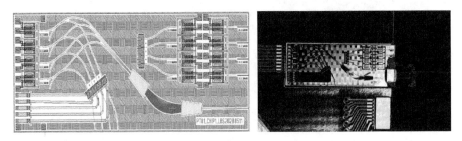

图 2.1.17 POET Technologies 公司的 100G CWDM4 光学引擎结构和实物

2.1.5 案例小结

二氧化硅光子集成工艺是发展最早也是最成熟的光子集成工艺，后发展了

SiN$_x$/SiO$_x$N$_y$ 材料体系，是目前无源光子集成的主要材料。本案例介绍了 SiO$_2$/SiN$_x$/SiO$_x$N$_y$ 光子集成技术及其发展，介绍其 PDK 和制造平台相关知识，重点介绍和分析了 SiO$_2$/SiN$_x$/SiO$_x$N$_y$ 光子集成工艺流程和关键工艺，最后介绍了其混合/异构集成的案例。

2.1.6　案例使用说明

1. 教学目的与用途

本案例介绍了 SiO$_2$/SiN$_x$/SiO$_x$N$_y$ 光子集成技术及其发展，介绍其 PDK 和制造平台相关知识，重点介绍和分析了 SiO$_2$/SiN$_x$/SiO$_x$N$_y$ 光子集成工艺流程和关键工艺，最后介绍了其混合/异构集成的案例。学习本案例，有助于学生了解和掌握 SiO$_2$/SiN$_x$/SiO$_x$N$_y$ 光子集成技术及其发展，掌握 SiO$_2$/SiN$_x$/SiO$_x$N$_y$ 光子集成工艺，从而指导集成光学器件/芯片的制造。

2. 涉及知识点

光子集成、光波导、工艺平台、PDK、混合/异构集成。

3. 配套教材

[1] 周治平. 硅基光电子学. 北京：北京大学出版社，2012

[2] Chrostowski L，Hochberg M. Silicon Photonics Design：Form Devices to Systems.Cambridge： Cambridge University Press，2015

[3] 赫罗斯托夫斯基 L，霍克伯格 M. 硅光子设计——从器件到系统. 郑煜，蒋连琼，邰飘飘，等译. 北京：科学出版社，2021

4. 启发思考题

（1）回顾 0.13 μm 工艺节点的微电子制造工艺流程，微电子制造工艺是平面工艺还是立体工艺？膜厚一般在什么范围？

（2）光的传输对传输介质有何要求？为什么？光芯片制造通常需要沉积多层光学薄膜，各层膜材料的热膨胀系数不匹配会怎么样？会导致哪些后果？能否避免？

（3）光子集成能否做到和微电子集成一样，单位面积上实现上亿个器件？为什么？可采用的集成方式有哪些？

5. 分析思路

从 0.13 μm 工艺节点的微电子制造工艺开始介绍，然后指出光子集成工艺虽源于微电子制造工艺，但二者之间在材料体系、薄膜厚度及要求、特征尺寸等方面有很大的不同。然后介绍 $SiO_2/SiN_x/SiO_xN_y$ 光子集成工艺的发展、工艺平台、PDK 的发展，重点介绍其工艺流程和关键工艺，最后介绍可通过混合/异构集成的方式实现无源和有源光电子器件的集成。

6. 理论依据

见 2.1.2 节介绍。

7. 背景信息

1）混合/异构集成

$SiO_2/SiN_x/SiO_xN_y$ 光子混合/异构集成源自集成电路集成技术。混合集成电路是由半导体集成工艺与薄（厚）膜工艺结合而制成的集成电路。混合集成电路是在基片上用成膜方法制作厚膜或薄膜元件及其互连线，并在同一基片上将分立的半导体芯片、单片集成电路或微型元件混合组装，再外加封装而成，如图 2.1.18（a）所示。异构集成类似于系统级封装（SiP），但它并不是将多颗裸片集成在单个衬底上，而是将多个 IP 以小芯片的形式集成在单个衬底上。异构集成的基本思想是将多个具有不同功能的元件组合在同一个封装中，如图 2.1.18（b）所示。

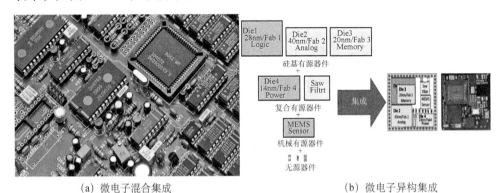

(a) 微电子混合集成　　　　　　　　　　(b) 微电子异构集成

2.1.18　微电子混合和异构集成

2）光子集成回路的单元

微电子集成单元有电阻、电容、晶体管和线路，光子集成单元则有相位调控

φ、幅值调控 A、偏振调控 P、反射 R 和波导，由集成单元可构成各类功能器件，主要有三类，即无源器件、激光与放大器、开关和调制器，如图 2.1.19 所示。

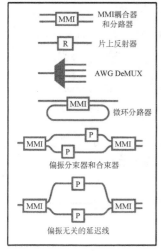

（a）无源波导器件

（b）激光器和放大器

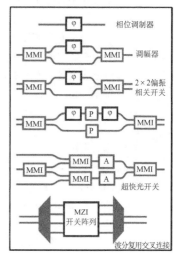

（c）调制器和光开关

图 2.1.19　光子集成功能器件

8. 关键要点

（1）SiO_2 光子集成工艺流程和关键工艺。

（2）$SiO_2/SiN_x/SiO_xN_y$ 光子混合/异构集成技术。

9. 课堂计划建议

课堂时间 90 min	0～10 min	学生围绕"0.13 μm 工艺节点的微电子制造工艺"自由讨论
	10～60 min	介绍 0.13 μm 工艺节点的微电子制造工艺，指出光子集成工艺虽源于微电子制造工艺，但二者之间在材料体系、薄膜厚度及要求、特征尺寸等方面有很大的不同
	60～80 min	介绍 $SiO_2/SiN_x/SiO_xN_y$ 光子集成工艺的发展、工艺平台、PDK 的发展，重点介绍其工艺流程和关键工艺
	80～90 min	基于实例介绍 $SiO_2/SiN_x/SiO_xN_y$ 混合/异构集成技术

参 考 文 献

[1] Zheng Y，Wu X H，Jiang L L，et al. Design of 4-channel AWG Multiplexer/demultiplexer for CWDM system. Optik，2020，201：163513

[2] Zheng Y, Liu Z J, Jiang L L, et al. Sensitivity analysis and optimization of optical Y-branch structure parameters. Applied Optics, 2020, 59（19）: 5803-5811

[3] 何浩. 微纳光波导与光纤耦合机理及技术研究. 长沙: 中南大学, 2021

[4] 吴瑶. 40通道100G阵列波导光栅芯片设计与优化研究. 长沙: 中南大学, 2021

[5] 刘志杰. 特种平面光波导光分路器的优化设计与实验研究. 长沙: 中南大学, 2021

[6] 吴雄辉. 石英基粗波分复用解复用器的设计与制造研究. 长沙: 中南大学, 2020

[7] 开小超. 硅光波导与光纤垂直耦合光栅的制作研究. 长沙: 中南大学, 2018

[8] Pogossian S P, Vescan L, Vonsovici A. The single-mode condition for semiconductor rib waveguide with large cross section. Journal of Lightwave Technology, 1998, 16（10）: 1851-1853

[9] 刘俊. 多通道平面光波导光收发器件的研究. 武汉: 华中科技大学, 2019

[10] Himeno A, Kato K, Miya T. Silica-based planar lightwave circuits. IEEE Journal of Selected Topics in Quantum Electronics, 1998, 4（6）: 913-924

[11] Kawachi M. Silica waveguides on silicon and their application to integrated components. Optical and Quantum Electronics, 1990, 22: 391-416

[12] Suzuki S, Shuto K, Takahashi H, et al. Large-scale and high-density planar lightwave circuits with high-Δ GeO$_2$-doped silica waveguides. Electronics Letters, 1992, 28（20）: 1863-1864

[13] Hibino Y, Okazaki H, Hida Y, et al. Propagation loss characteristics of long silica-based optical waveguides on 5 inch Si wafers. Electronics Letters, 1993, 29（21）: 1847-1848

[14] Goh T, Suzuki S, Sugita A. Estimation of waveguide phase error in silica-based waveguides. Journal of Lightwave Technology, 1997, 15（11）: 2107-2113

[15] Nagase R, Himeno A, Okuno M, et al. Silica-based 8×8 optical matrix switch module with hybrid integrated driving circuits and its system application. Journal of Lightwave Technology, 1994, 12（9）: 1631-1639

[16] Yamazaki H, Goh T. Flexible-format optical modulators with a hybrid configuration of silica planar lightwave circuits and LiNbO$_3$ phase modulators. NTT Technical Review, 2011, 9（4）: 1-7

[17] Yamazaki H, Yamada T, Goh T, et al. 64QAM Modulator with a hybrid configuration of silica PLCs and LiNbO$_3$ phase modulators.IEEE Photonics Technology Letters, 2010, 22（5）: 344-346

[18] Mino S, Yamazaki H, Goh T, et al. Multilevel optical modulator utilizing PLC-LiNbO$_3$ hybrid-integration technology. NTT Technical Review, 2011, 9（3）: 1-6

[19] Lee S Y, Han Y T, Kim J H, et al. Cost effective silica-based 100 G DP-QPSK coherent receiver. ETRI Journal, 2016, 38（5）: 981-987

[20] Kurata Y, Nasu Y, Tamura M, et al. Fabrication of InP-PDs on silica-based PLC using heterogeneous integration technique. Journal of Lightwave Technology, 2014, 32（16）: 2841-2848

[21] Blumenthal D J, Heideman R, Geuzebroek D, et al. Silicon nitride in silicon photonics. Proceedings of the IEEE, 2018, 106（12）: 2209-2231

案例 2.2　绝缘衬上硅光子集成

随着大数据、云计算、物联网等新一代信息技术的发展，信息的产生、处理、存储等过程的数据量都面临"爆炸式"增长，仅在过去两年中产生的数字信息量就占到了现有数据总量的九成。与此同时，为支持数据存储和高性能计算能力继续按照摩尔定律增长，需要极大地提升芯片间通信的带宽密度（2020 年每个互连的带宽密度需求已超过 40Gb/s）。传统集成电路电互连技术由于带宽有限、电串扰和输入/输出引脚密度低等缺点，无法满足"信息爆炸"下高速高密度的数据处理需求。光互连具有超大带宽、低功耗和低串扰等优势，有望替代传统电互连，实现高速信息交换。

硅光子集成技术的发展使得硅光电子芯片成为将光互连应用于芯片上和芯片间信息交互的最有前途和最具吸引力的平台之一。硅光子集成技术是以绝缘衬上硅（SOI）晶圆为衬底的光子集成技术，硅的物理特性使得硅光子技术具有许多显著优点：①作为光传输波导的硅和包层之间具有高折射率差，可实现超低损耗的全反射光传输；②硅具有 1.1 eV 的非直接带隙，可提供从 1.1 μm 到中红外光波段的超宽透明窗口；③硅波导具有可调控的色散和非线性；④硅材料具有高损伤阈值、大热导率以及成熟的互补金属氧化物半导体（CMOS）加工工艺；⑤硅波导对传输光的强束缚作用有利于光模式的灵活设计，可用于实现诸如微环腔、偏振转换、波分复用器等无源器件的集成。

2.2.1　硅光集成与光电集成

自 1969 年贝尔实验室的 Miller 提出集成光学（Integrated Optics）的概念，光集成（同一衬底材料上）就开始沿着电集成的脚步向前发展。60 多年来硅光技术大体经历了技术探索（1960～2000 年）、技术突破（2000～2008 年）、集成应用（2008 年至今）三个阶段，各阶段发展突破如图 2.2.1 所示。1985 年，Soref 提出用单晶硅材料作为光波导材料，衬底材料是高掺杂硅，随后发展为蓝宝石上硅（Silicon on Sapphire）、锗硅（Silicon Germanium），直到发展为现在的绝缘衬上硅（Silicon on Insulator，SOI）。Kurdi 于 1988 年首次在 SOI 衬底上制造出了硅光波导。1994 年，Rickman 在 SOI 上实现了传输损耗为 0.5 dB/cm 左右的脊形硅光波导，硅的厚度为 4.32 μm，宽度为 3.72 μm，氧化层 BOX 厚度为

0.4 μm，弯曲半径较大。2000 年后，为便于与硅电 CMOS 工艺兼容，SOI 晶圆的厚度固定为 220 nm 或 310 nm（也有 340 nm），BOX 层厚度固定为 2～3 μm，波导的宽度发展为 400～500 nm 的条形波导。

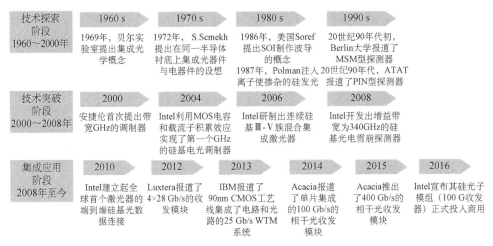

图 2.2.1　硅光子技术发展历程

　　硅是间接带隙材料，是中心对称的晶体结构。间接带隙决定了硅材料在发光方面效率极低，不适合制作激光光源。中心对称结构决定了硅材料没有泡克耳斯效应（Pockels Effect），且克尔效应（Kerr Effect）也非常微弱，因此不能通过电光效应来实现光调制；但硅材料的等离子色散效应明显，注入载流子浓度变化会引起硅折射率实部发生变化，基于此可用来制作硅集成调制器。硅的禁带宽度是 1.12 eV，对光纤通信波段 1.25～1.65 μm 的光是透明的，所以硅不适合做硅光的光探测器；不过同族材料锗（Ge）在此范围具有较高的响应，同时其制作技术和 CMOS 工艺兼容，因而硅光集成中普遍使用锗硅光探测器进行光的探测。

　　美国早在 1991 年就成立了"美国光电子产业振兴会"（OIDA），以引导资本和各方力量进入光电子领域；2008～2013 年，美国国防高级研究计划局（DARPA）开始资助"超高效纳米光子芯片间通信"（Ultraperformance Nanophotonic Intrachip Communications，UNIC）项目，目标是开发和 CMOS 兼容的光子技术用于高通量的通信网络；2014 年，美国建立了"国家光子计划"产业联盟，明确将支持发展光学与光子基础研究与早期应用研究计划开发。在此期间形成了以 Intel、IBM、Luxtera 为代表的硅光集成先进企业。

利用硅来做商业化的光集成器件，最早可追溯至 1988 年，Rochman 于英国成立了 Bookham 公司，是全球首家专门从事硅光芯片设计和制造的公司，采用 SOI 来制造光集成器件，考虑到与标准单模光纤的耦合效率，顶层硅厚度较厚，为 3~12 μm，利用脊形光波导以实现单模传输。Bookham 公司后被其他公司收购，目前该部分业务属于 Mellanox 公司，顶层硅的厚度固定为 3 μm，主要产品为可调光衰减器（VOA）和高速光模块中的集成光收发器。Rochman 于 2013 年创立了 Rockley Photonics 公司，致力于为各种潜在应用开发硅光子技术，包括消费电子、自动车辆、生物医学、工业部门及数据中心和基础设施网络的高性能网络光学器件。该公司于 2017 年与江苏亨通光电股份有限公司成立合资公司，专门生产基于硅光集成的高速光收发器。

Intel 自 20 世纪 90 年代中期就开始从事硅光子技术研究，2006 年与美国加利福尼亚大学圣巴巴拉分校（University of California,Santa Barbara,UCSB）一道，成功研发了世界上首个采用标准硅工艺制造的光电混合硅激光器（Hybrid Silicon Laser），不过直到 2016 年 Intel 才发布第一批商业化硅光子收发器 100G PSM4 QSFP28，原理图如图 2.2.2 所示。

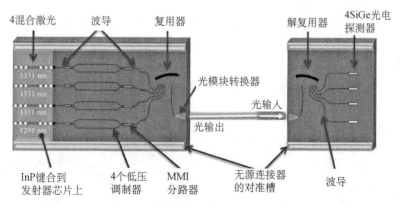

图 2.2.2 Intel 公司的硅光子收发器 100G PSM4 QSFP28 原理图

硅光电集成则相对困难，目前国内外主要采用的光电集成技术整体思路比较一致，均采用将光子层与电子层功能相对独立地进行集成，光信号与电信号独立或分层传输，层与层之间通过异构或异质互连技术实现电信号的电学互连。光子层与光子集成的相关技术类似，电子层通常采用标准硅 CMOS 工艺，也只有硅基材料能够做到超大规模集成电路的大规模、低成本制造。依据用于集成的光电器件的种类与实现方式的不同，光电集成可以分为单片光电集成和混合光电集成两类。前者是在全硅衬底上实现光器件与电器件的制备与集成，后者是在硅基衬底上通过硅通孔（Through Silicon Via，TSV）或其他三维异构/异质集成技术实现与其他多种光电器件的集成。

　　Luxtera 是业界最早从事硅基光电子和微电子研发的公司，最早实现了硅基单片光电集成芯片在高速光通信领域的应用，于 2005 年推出首个 10G 硅光电集成芯片，如图 2.2.3 所示。2015 年，美国加州大学伯克利分校（University of California，Berkeley，UCB）和麻省理工学院（Massachusettes Institute of Technology，MIT）报道了首个硅光电集成微处理器，将激光器、光调制器、光调制器、光探测器、激光器/光调制器的驱动电路、光探测器的放大电路、接口电路等都集成在硅衬底材料上，迈出了硅基光电子技术在高性能计算领域应用的第一步，该芯片集成了 7 千万个微电子器件与 850 个光子器件，如图 2.2.4 所示，通过光子在计算和存储单元之间进行高速通信。2018 年该团队在 *Nature* 上又报道了另一款单片集成硅光收发芯片，该芯片不再采用成本较高的 SOI

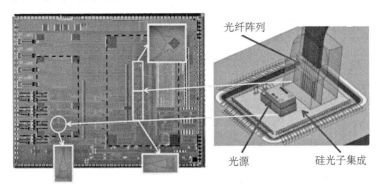

图 2.2.3　Luxtera 的 10G 硅光电集成芯片

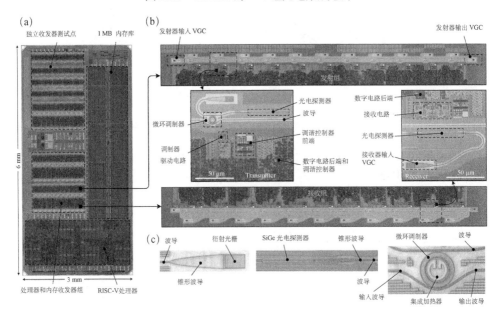

图 2.2.4　硅光电集成微处理器

CMOS 工艺，而是采用了成本更低、更常见的体硅 CMOS 工艺，芯片界面示意图如图 2.2.5 所示。为了实现光电子和微电子的单片集成，需要对 CMOS 工艺做一些改进，增加一些工艺步骤，比如用来做隔离的氧化硅厚度增加到 1.5 μm，标准的 CMOS 工艺中浅槽隔离（STT）浅沟隔离的氧化硅厚度远远小于 1.5 μm。另外需要淀积多晶硅厚度达到 220 nm，而标准的 CMOS 工艺中的晶体管栅极的多晶硅厚度也要远远小于这个值。

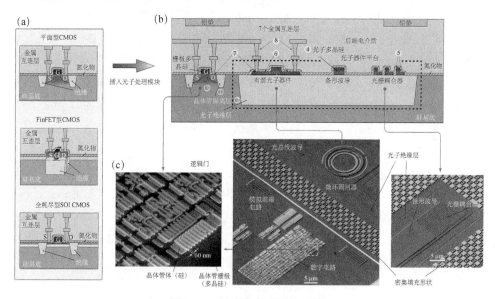

图 2.2.5　硅光电集成微处理器

鉴于光电集成技术的复杂性，本案例后面所涉及的 PDK 和制造工艺仅限于硅光集成。

2.2.2　制造工艺平台及 PDK

目前，硅光电集成正处于 20 世纪 70 年代集成电路一样的早期发展阶段，但在芯片制造方面有一个重要的优势，那就是现已存在诸多硅晶圆代工厂，尽管硅光集成/硅光电集成和硅电集成制造工艺之间有一定的差异，但还是可以通过改进硅电集成制造工艺为硅光集成/硅光电集成提供代工服务。

硅光集成/硅光电集成虽源于硅电集成，但首先二者材料和工艺不完全兼容，其次，结构参数差别大，硅光尺寸差别大，多为不规则结构，且特征尺寸不是最小尺寸，另外，硅光集成对工艺非常敏感，需要特殊的工艺控制。如此导致硅光集成代工成本高，硅光电集成代工更高，一般的科研机构、初创企业多通过多项目晶圆（Multi-Project Wafer，MPW）的方式进行流片，即多个硅光集成回路设计共享同一个制造过程。MPW方式由参与者共同分摊制造成本，由组织者提供相对便宜的设计-制造-测试周期，资金有限的人都可以立即进入规模生产的流程中。

最早从事硅光MPW的组织是欧洲硅光子联盟ePIXfab，2006年IMEC（比利时根特大学微电子研究中心）和CEA-Leti（法国原子能委员会电子与信息技术实验室）通过ePIXfab提供了首批开放式的硅光MPW服务，IMEC和CEA-Leti通过ePIXfab向客户提供硅光子PDK，采用193 nm深紫外光刻技术来制造无源硅光集成器件。2012年，CEA-Leti开始提供带加热器的制造工艺，以实现热光型硅光子器件的制造。2013年以后ePIXfab推出一个完整的硅光工艺平台，包括无源硅光器件、光调制器和光探测器的制造。后来IHP（德国法兰克福高性能微电子创新公司）、VTT（芬兰国家技术研究中心）、Tyndall（爱尔兰国家研究院）等均加入了ePIXfab，为全球提供硅光集成代工服务，其中Tyndall还可提供硅光芯片封装代工服务。以上代工厂还可通过欧洲Europractice集成电路平台提供MPW服务，国内用户还可通过中国电子科技集团公司第三十八研究所（CECT38）等平台提供MPW服务。图2.2.6为IMEC MPW流程。

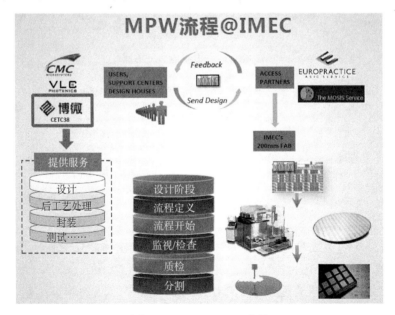

图 2.2.6　IMEC MPW 流程

其他可提供硅光集成的国外代工厂有 AMF、AIM、ST、TowerJazz、GF（格罗方德半导体股份有限公司）、Silterra、INPHOTEC、AMO、Southampton、ANT等，可通过 CMC Microsystems、CompoundTek 提供 MPW 服务，国内也有专业机构可提供欧美各代工厂的 MPW 服务。国内代工厂有 SMIC（中芯国际集成电路制造（上海）有限公司）、CUMEC（重庆联合微电子中心有限责任公司）、上海微技术工业研究院（SITRI）、中国科学院微电子研究所（IMECAS）等。

经过多年的发展，综合考虑传输损耗、与光纤的耦合损耗、最小弯曲半径、偏振相关损耗、波长敏感性、最大激光功率、与硅电 CMOS 集成等因素，硅光波导的厚度（SOI 晶圆顶层硅厚度，也称器件层厚度）主要有 220 nm（以 IMEC 为代表）、310 nm（以 CEA-Leti 为代表）和 3 μm（以 VTT 为代表）三种规格，如图 2.2.7 所示。目前，使用最多的是器件层厚为 220 nm 的 SOI 硅光工艺。

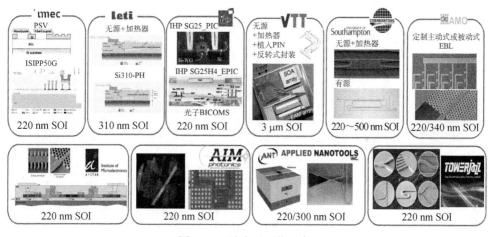

图 2.2.7　硅光子工艺平台

硅光集成代工厂均提供流片用 PDK 文件，包括基本的有源和无源器件模型、代表符号、器件属性、参数化单元、技术文件和物理验证规则等。无源器件主要包括耦合器、马赫-曾德尔干涉仪（MZI）、交叉光波导等。有源器件主要包括热相移器、调制器、探测器。对于更复杂的多路光复用（MUX）、激光器集成结构、模斑转换器（SSC）等，涉及专利问题，代工厂一般不提供 PDK，仅提供设计预留区域，授权确认后方可使用。目前国内外代工平台常用器件的制造性能如表 2.2.1 和表 2.2.2 所示。由两表可知：

（1）器件层厚度为 220 nm 的硅波导传输损耗为 1~2.5 dB/cm，AIM 的硅波导传输损耗为 1 dB/cm。如果采用浅刻蚀的脊形波导，传输损耗可进一步降低，如 IHP 可以做到 0.7 dB/cm；当结构中含有交叉硅光波导时，可采用该类脊形波导。器件层厚度为 3 μm 的硅光波导传输损耗可低至 0.1 dB/cm。

（2）光纤与硅光芯片如果采用边缘耦合，耦合损耗一般在 2 dB 左右，垂直光纤耦合则在 3 dB 左右。

（3）MMI 的插损一般小于 0.5 dB，通道不均衡性小于 5%。

（4）交叉波导的插损在 0.3 dB 左右，串扰非常小，约-30 dB。

（5）代工厂大都提供热相移器，P_π 一般为 20 mW 左右。通过结构设计，P_π 可进一步降低。

（6）代工厂提供耗尽型的马赫-曾德尔调制器，其带宽在 20 GHz 左右，插损在 5 dB 左右，$V_\pi \cdot L$ 为 2V·cm 左右。

（7）锗 Ge 探测器的带宽在 30 GHz 左右，响应率大约 0.7A/W，暗电流小于 100 nA。

表 2.2.1　国内外代工平台常用无源器件的制造性能（深：深刻蚀；浅：浅刻蚀）

代工厂	波导		边缘耦合	光栅耦合	MMI 1×2/Y 分路器		MMI 2×2		交叉波导	
	顶层硅厚/nm	传输损耗/dB	耦合损耗/dB	耦合损耗/dB	插损/dB	不均衡性	插损/dB	不均衡性	插损/dB	串扰/dB
IMEC	220	2.0 深 1.2 浅	2	2.5	<0.5	5%	<0.5	5%	0.3	−30
AMF	220	2	<3	<3	0.2	—	—	—	0.2	−41
CEA-Leti	310	0.2 脊 1.1 条	<2.5	<3	<0.5	3%	—	—	<0.25	−35
AIM	220	1	1.5	3	<0.2	—	<0.5	—	0.2	−50
GF	220	1.5	1.3	/	—	—	—	—	—	—
TSMC	220	1.1	—	1	—	—	—	—	—	—
IHP	220	2.4 深 0.7 浅	—	4	—	—	—	—	—	—
VTT	3000	0.1	—	—	—	—	0.3	—	—	—

表 2.2.2　国内外代工平台常用有源器件的制造性能

代工厂	热相移器			光调制器		锗 Ge 探测器		
	P_π/mW	插损/dB	3 dB 带宽/GHz	插损/dB	$V_\pi \cdot L$/（V·cm）	带宽@-V/GHz	响应度/（A/W）	暗电流/nA
IMEC	—	—	11@-2V	5	1.28	20	0.6	<50
AMF	25	—	30	7	V_π=7	21.6	0.9	<100
CEA-Leti	—	—	—	0.8 dB/cm	1.5	40@-2V	1.05	5
AIM	25	0.25	25	—	0.9	45	1	—
GF	25	—	27	2.5	—	39	1.0	<40
TSMC	—	—	—	0.5 dB/mm	2.4	48@-2V	1	<100
IHP	—	—	65 GHz	—	—	—	0.9	<100
VTT	24	—	—	—	—	~MHz	0.9	<10 μA

　　以 IMEC 为例说明，如图 2.2.8 所示，除激光器外，IMEC 还可提供边缘耦合、垂直光栅耦合、光波导、波分复用器、光调制器、光探测器等器件的稳定流片。除了使用代工厂提供的 PDK 外，用户也可以根据他们提供的 PDK 技术文件进行器件的独立设计。由于硅光芯片目前的发展还处于初期阶段，不像集成电路，工程师只需在原理图层面上进行设计，不需要关心底层元器件的性能参数。随着硅光产业的发展，系统的复杂性增加，应该也会有相似的技术分工。代工厂负责底层器件的优化，用户只需使用这些 PDK 去构建自己的集成光路即可。

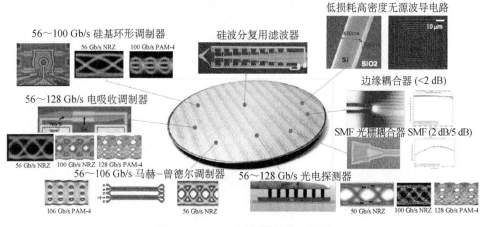

图 2.2.8　IMEC 可提供的代工器件

2.2.3　关键工艺

尽管硅光集成工艺发展已超过 15 年，但其详细的制造工艺过程仍然为各代工厂的核心机密。硅光集成工艺主要分为两类，即无源硅光集成工艺（含加热器组件）和有源硅光集成工艺。无源硅光集成工艺一般可提供三层硅刻蚀：①220 nm 深刻蚀，用于制作光波导，如图 2.2.9 所示；②70 nm 浅刻蚀，用于制作垂直耦合光栅；③150 nm 中等刻蚀，用于制作脊形光波导。加热器材料为 TiN。

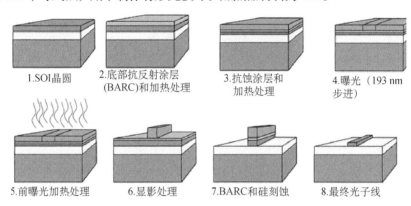

1.SOI晶圆　　2.底部抗反射涂层　　3.抗蚀涂层和　　4.曝光（193 nm
　　　　　　　　(BARC)和加热处理　　加热处理　　　　步进）

5.前曝光加热处理　　6.显影处理　　7.BARC和硅刻蚀　　8.最终光子线

图 2.2.9　无源硅光集成 220 nm 深刻蚀工艺（彩图请扫封底二维码）

有源硅光集成工艺除包括无源硅光集成工艺外，还包括用于调制器和欧姆接触制作的离子注入工艺（图 2.2.10）、用于高速 Ge 光探测器的 Ge 外延工艺以及 1 层金属或 2 层 Cu 互连工艺。

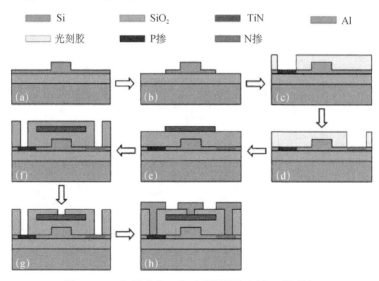

	Si		SiO$_2$		TiN		Al
	光刻胶		P掺		N掺		

图 2.2.10　有源硅光工艺（彩图请扫封底二维码）

两类硅光集成工艺中，无源硅光集成工艺是通用的制造工艺，其关键是光刻、硅光波导侧壁光滑、低残余应力等。低传输损耗是硅光应用的前提，受光刻、硅光波导干法等离子体刻蚀等工艺限制，硅光波导侧壁粗糙度难以精确控制。目前工业级代工厂所用的光刻技术多为 193 nm，包括 193 nm 浸没式光刻，GF 在 2020 年底推出了 45 nm 光刻工艺，波导传输损耗较 193 nm 光刻工艺有所改进。科研级代工厂，如 IMEC、CEA-Leti 等，多采用 193 nm 光刻工艺；不过也有例外，如 INPHOTEC 采用电子束光刻。还有一些快速样品服务机构，如 AMO、ANT 等，采用电子束光刻。电子束光刻较 193 nm 光刻精度要高，但光刻效率要慢很多，成本也较高。

硅光波导的损耗主要源于体散射和界面散射。体散射是光波导材料的缺陷所致，如空洞、杂质原子和晶格缺陷等；对于硅光波导而言，一般是可以忽略的，但如果离子注入等工艺引入较多晶格缺陷，则不可忽略。界面散射是由硅光波导芯层和包层界面的粗糙度引起的，主要是侧壁。研究表明，界面损耗与表面粗糙度、模阶数成正比，与光波导有效宽度成反比，因此必须严格控制硅光波导界面粗糙度。界面粗糙度除与光刻工艺有关外，还与硅光波导刻蚀工艺相关，一旦两者确定后，界面粗糙度减小就必须通过其他工艺来实现了。目前已经有一些减小光波导侧壁粗糙度的方法被提出，并取得了较好的效果，如氧化物平滑技术，即先对硅进行热氧化然后再将其腐蚀去除。这无疑会改善光波导侧壁的粗糙度，但同时也会使光波导变窄，不过这个问题可以通过适当调整掩膜版图形设计来改善。

图 2.2.11 是 CUMEC 和 IMECAS 的硅光集成工艺示意图，从图中可知硅光芯片中存在多种材料，其热膨胀系数是不匹配的，在退火、介质沉积等工艺

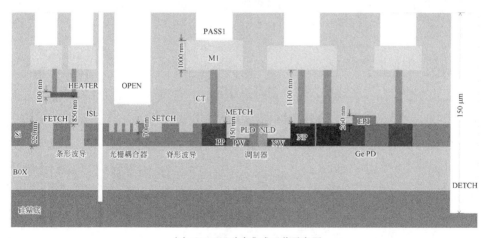

(a) CUMEC硅光集成工艺示意图

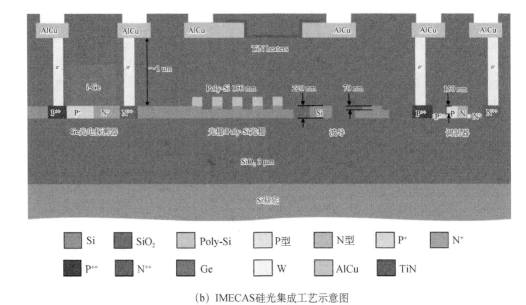

图 2.2.11　典型硅光集成工艺示意图（彩图请扫封底二维码）

过程中存在热作用，残余应力的生成也是不可避免的，且光对应力是非常敏感的，会导致光的偏振态发生改变，进而影响偏振相关损耗等。解决的方法就是在硅光芯片设计的时候就要充分考虑各工艺的热影响，并进行热预算，合理规划和分配，进而降低残余应力的影响，同时还需要考虑离子扩散的热影响，特别是离子激活之后的退火，会导致结深偏离设计值。

2.2.4　混合/异构集成

完整的光互连芯片需要具有产生、调制和探测光的有源器件。尽管硅光集成技术在光互连方面具有很大优势，但硅的物理特性使其在实现这些有源器件方面存在限制，主要是激光器，需将其他有源材料与硅基光电子芯片进行混合/异构集成，也被称作协同封装（Co-packaging）。截至目前，学术界和产业界已发展至少七种激光器集成方法，如图 2.2.12 所示，实际上可归结为四类技术方案：①异质外延（Hetero-epitaxy）；②裸片或晶圆键合（包括 Die-to-wafer、Wafer-to-wafer bonding）；③倒装或贴装（包括倒装键合（Flip-chip）、拾取贴装（Pick-and-place））；④微转印（μ-transfer-printing）。

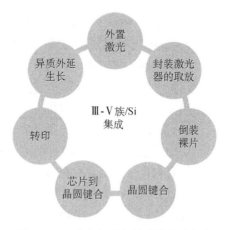

图 2.2.12　硅光集成中激光器集成方案

异质外延。2012 年伦敦大学学院（University College London，UCL）的 Liu 等通过在具有斜切角的硅衬底上结合位错过渡层等技术使用固态源分子束外延（SS-MBE）首次实现了室温 InAs/GaAs 量子点 1.3 μm 通信波段的连续激射，激光器可以获得 62.5 A/cm² 的低阈值电流密度，寿命可以超过 1 万小时，其结构如图 2.2.13 所示。后来该研究团队直接在硅衬底上生长出Ⅲ-Ⅴ族材料。该技术目前仅限于激光器的制作，未见与其他无源或有源硅光器件一起集成的报道。2021 年 9 月，Tower Semiconductor（以色列晶圆代工厂）和 Quintessent（美国公司）宣布正在合作开发硅衬底外延集成量子点激光器，为机器学习（ML）和数据中心（DC）市场提供光学互连。该工艺将建立在 Tower Semiconductor 的增强的 PH18 硅光子工艺平台上，并添加 Quintessent 的Ⅲ-Ⅴ 族量子点激光器和光学放大

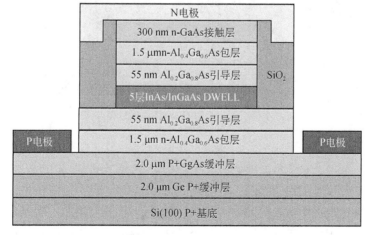

图 2.2.13　硅衬底上外延 InAs/GaAs 量子点激光器

器，以实现完整的有源和无源硅光子 PDK。增强的 PH18 工艺，是美国国防部高级研究计划局（DARPA）激光通用微尺度光学系统（LUMOS）计划的一部分，该计划旨在为先进光子平台带来高性能激光器，解决商业和国防应用问题。

裸片或晶圆键合。该技术由加利福尼亚大学圣巴巴拉分校（UCSB）的 John Bowers 教授团队开发，基于消逝场耦合原理，如图 2.2.14 所示，键合之前激光器的电极还没完成，键合后再采用刻蚀、溅射等工艺完成激光器结构、电极等功能的制作。IMEC、CEA-Leti 等公司也开发出了类似的技术，已实现了商业化，但硅光代工厂基本上不提供 PDK，需客户另行与硅光代工厂协商。根据与硅光晶圆键合的形式，键合可分为裸片键合和晶圆键合。激光器裸片如何从原生衬底上规模化转移到硅光晶圆上是一个技术难题。晶圆键合可解决规模化转移的难题，但对激光器衬底材料浪费太多，导致成本较高。根据工艺的需要确定激光器材料是否需要掩埋在介质层中，如果不需要，刻蚀好激光器结构后就可直接制作电极；如果需要，则采用后段集成工艺来制作电极，图 2.2.15 为 CEA-Leti 开发的裸片键合集成工艺，为了适配其他硅光集成器件或集成电路，也可在晶圆背面裸片键合集成。

图 2.2.14 基于消逝场耦合的硅光片上激光器

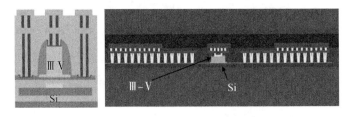

图 2.2.15 CEA-Leti 裸片集成器

倒装或贴装。在集成之前激光器的电极均已完成。贴装激光器，包括垂直发射型激光器（VCSEL）、法布里-珀罗-激光器（F-P）、分布反馈激光器（DFB），贴装与耦合原理如图 2.2.16 所示，实际操作的可行性很小，该方式对硅光芯片制造工艺和贴装机台要求很高。Luxtera（美国公司）开发出了一个激光盒子（Laser Box）的贴装方案，如图 2.2.17 所示，基于空间光学和垂直耦合光栅，将激光耦合至硅光波导中，并成功应用于自家的 100Gb/s 高速光模块中。激光盒子贴装方法虽然可行，但微光学零件的制造和组装以及对准、定位和固定技术要求均较高。在硅光集成激光器中，倒装技术最为看好，但电极的处理相对较困难，阴极和阳极分别处于激光器芯片的底部和顶部，倒装就意味着阴阳电极要位于同一个面上。早在 2008 年欧盟就发起高速硅光子片上互连技术项目 信息与通信技术振兴计划（Information and Communications Technology Boom，ICT-BOOM），在 2010 年有关 ICT-BOOM 项目的进展就报道过基于倒装键合的电吸收调制激光器（EML），如图 2.2.18 所示。2015 年日本 NTT 报道了掺铷的直调倒装 DFB 激光器，4 dB 动态消光比范围内传输速率 25.8Gb/s。2020 年 5 月德国弗劳恩霍夫（Fraunhofer）协会海因里希-赫兹研究所（Heinrich-Hertz-Institute，HHI）实现了在 C 波段可调的直调倒装 DFB 激光器，输出光功率 60 mW。2020 年年底 POET 公司宣称首次将倒装技术应用于直接调制激光器（DML）中，以晶圆级规模生产实现真正的单芯片和完全集成的光学引擎，倒装结构如图 2.2.19 所示，与其耦合的部分做有模斑适配器，以增加激光器与光波导的耦合效率。

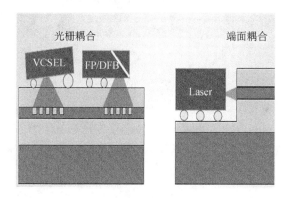

图 2.2.16 贴装激光器

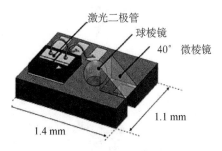

图 2.2.17 Luxtera 公司的激光盒子

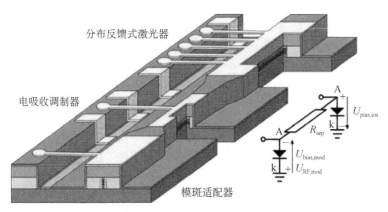

图 2.2.18　倒装键合的电吸收调制激光器

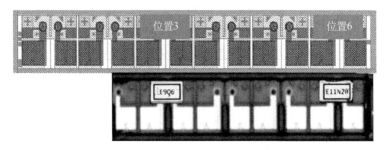

图 2.2.19　POET 倒装激光器集成

微转印。2004 年由伊利诺伊大学（University of Illinois，UI）的 Rogers 团队发明，现主要用于 Micro LED 巨量转移。2012 年由爱尔兰廷德尔国家研究所（Tyndall National Institute）将其引入到硅光集成激光器中来，工艺流程如图 2.2.20 所示，该技术实际上是为了解决激光器裸片如何从原生衬底上规模化转移

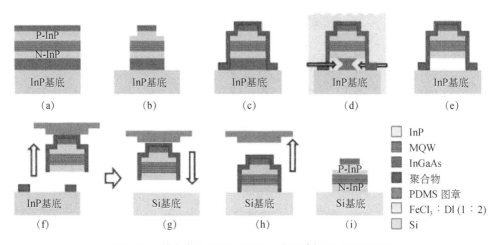

图 2.2.20　转印激光器工艺流程（彩图请扫封底二维码）

到硅光晶圆上的难题，可实现微米尺度的激光器精确地组装和集成到非原生衬底上。微转印的关键技术是通过弹性体印模从源晶圆上拾取激光器芯片，然后将其印刷在回收晶圆上。微转印之前，需要将已刻蚀的激光器结构从原生衬底上释放出来，采用的方法就是在已刻蚀的激光器结构上通过聚合物（Polymer）、氮化硅（Si₃N₄）等材料钝化侧壁和形成束缚结构的锚，最后采用高选择性、各向异性刻蚀液对激光器原生衬底进行湿法刻蚀，最后通过在高精度运动控制的打印头上容纳印模来实现转移，而且可通过并行工艺实现一次转印，效率很高。

2.2.5　案例小结

本案例系统性地对硅光集成技术及其发展进行了梳理，相较其他集成工艺技术而言，硅光集成最被看好，尽管在激光器集成方面还存在一些问题。本案例首先介绍了硅光集成与光电集成的发展历程；之后又介绍了硅光 PDK 和制造工艺平台，并对目前硅光代工厂的工艺水平进行了总结；之后又介绍和分析了无源和有源硅光制造的关键工艺；最后就激光器的集成方式和方法进行了介绍。

2.2.6　案例使用说明

1.　教学目的与用途

通过本案例的学习，了解和掌握硅光集成 PDK、制造工艺平台和关键工艺，了解和掌握如何通过混合/异构集成的方式解决激光器集成，其中还存在哪些技术难题。同时，了解和熟悉目前国内外硅光子流片工艺平台的相关信息，为以后从事这方面的研究和工作打下基础。

2.　涉及知识点

硅光集成、硅光电集成、工艺设计套件（PDK）、多项目晶圆（MPW）、异质外延、裸片/晶圆键合、倒装/贴装、微转印、混合/异构集成。

3.　配套教材

[1] 周治平. 硅基光电子学. 北京：北京大学出版社，2012

[2] Chrostowski L，Hochberg M. Silicon Photonics Design：Form Devices to Systems. Cambridge: Cambridge University Press，2015

[3] 赫罗斯托夫斯基 L，霍克伯格 M . 硅光子设计——从器件到系统. 郑煜，蒋连琼，邰飘飘，等译. 北京：科学出版社，2021

4. 启发思考题

（1）硅电 CMOS 工艺器件层的厚度一般是多少？制造过程中沉积、氧化、刻蚀、溅射等工艺对应的膜厚一般为多少？

（2）间接带隙材料能否发光？

（3）硅材料上外延生长Ⅲ-Ⅴ族的难点有哪些？

5. 分析思路

首先，从光波导芯包层折射率差引入硅光集成，芯包层折射率差越大，芯片尺寸越小，单位面积上可以容纳更多光器件，集成度也就越高；其次介绍硅光集成技术的发展历程，同时指出硅光技术虽然很好，但也不是万能的，如发光；然后介绍目前国内的硅光 PDK 和制造工艺平台，并简要分析各工艺平台的制造能力；随后介绍无源和有源硅光制造工艺流程和其中的关键工艺；最后介绍硅光中激光器的集成方式和相关技术。

6. 理论依据

见 2.2.2 介绍。

7. 背景信息

见案例 2.1 引言介绍。为什么要发展光子/光电子集成技术？这个问题早在光纤通信技术发展伊始就被提出来了，经过近 60 多年的发展，这个问题已经得到了很好的答案，但为什么又提出要发展硅光子/光电集成技术呢？这个问题好像已经回答了，但实际上又没有回答清楚，一是片上激光器还没有完美地解决；二是异构集成（Heterogeneous Integration）、混合集成（Hybrid Integration）等新技术的提出。"好像已经回答了"的原因是光电子器件集成的终极目标就是光子和电子器件在同一衬底材料上的集成，硅是集成电子器件的最好材料，光电子器件的集成"理所当然"也应该是硅材料了；而且在同一衬底材料上集成Ⅲ-Ⅴ族材料的激光器也渐趋成熟，或者通过异构或混合集成的方式也可实现Ⅲ-Ⅴ族材料激光器的集成，所以有理由相信硅光电集成是光电子集成的终极目标。

目前美欧均通过国家或地区战略计划和项目完成了硅光 PDK 和制造技术产业链的建设，美国硅光代工平台是 AIM，欧洲则是 CEA-Leti、ST 和 IMEC，除标准的无源和有源器件之外，还能提供激光器的异构/混合集成，但需额外的技术授权。国内已初步建成了以 IMECAS、SITRI 和 CUMEC 为代表的硅光代工平台，但在标准无源和有源器件性能指标上与美欧还存在略微的差距，激光器的异构/混合集成这一块尚处于研发阶段。

硅光/硅光电应用领域非常广泛，包括数据中心、高性能计算、电信通信、自动驾驶和传感等，甚至在航空与航天等领域都有应用，如图 2.2.21 所示，产品种类也非常丰富。最新的市场调研数据显示，2020 年全球硅光/光电市场总额达到 10 亿美元，预计到 2025 年达到 30 亿美元，年均复合增长 23.4%。

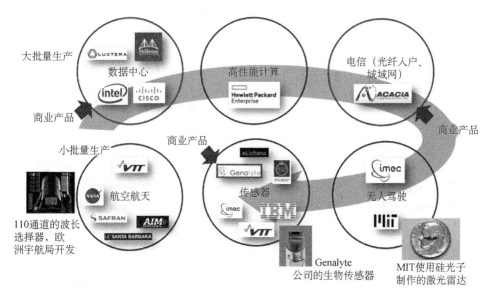

图 2.2.21　硅光/光电应用领域

8．关键要点

（1）硅光/光电集成技术路线。

（2）硅光 PDK 及制造的关键工艺，典型硅光制造工艺与硅电 CMOS 工艺的区别。

（3）硅光混合/异构集成技术途径，重点理解和掌握微转印和倒装键合技术在硅光集成激光器中的应用。

（4）多项目晶圆（MPW）的由来，了解和掌握目前国内外硅光代工厂的制造能力与技术水平。

9. 课堂计划建议

课堂时间 90 min	0～10 min	学生围绕硅光和硅电集成制造工艺进行自由讨论
	10～60 min	介绍硅光集成与硅光电集成技术发展，介绍硅光 PDK 及制造工艺平台，重点介绍硅光集成的关键工艺
	60～80 min	介绍硅光混合/异构集成，重点介绍倒装键合技术和微转印技术
	80～90 min	对案例进行总结。布置设计作业：调研美欧有关硅光集成激光器方面的项目及取得的成就

参 考 文 献

[1] Miller S E. Integrated optics：An introduction. Bell System Technical Journal，1969，48（7）：2059-2069

[2] Kurdi B N，Hall D G. Optical waveguides in oxygen-implanted buried-oxide silicon-on-insulator structures. Optics Letters，1988，13（2）：175-177

[3] Rickman A G，Reed G T，Namavar F. Silicon-on-insulator optical rib waveguide loss and mode characteristics. Journal of Lightwave Technology，1994，12（10）：1771-1776

[4] Park H，Fang A W，Kodama S，et al. Hybrid silicon evanescent laser fabricated with a silicon waveguide and Ⅲ-V offset quantum wells. Optics Express，2005，13（23）：9460-9464

[5] Fang A W，Park H，Jones R，et al. A continuous-wave hybrid AlGaInAs-silicon evanescent laser. IEEE Photonics Technology Letters，2006，18（10）：1143-1145

[6] Aalto T，Cherchi M，Harjanne M，et al. Open-access 3-μm SOI waveguide platform for dense photonic integrated circuits. IEEE Journal of Selected Topics in Quantum Electronics，2019，25（5）：8201109

[7] Heck M J R，Bauters J F，Davenport M L，et al. Hybrid silicon photonic integrated circuit technology. IEEE Journal of Selected Topics in Quantum Electronics，2013，19（4）：6100117

[8] Justice J，Bower C，Meitl M，et al. Wafer-scale integration of group Ⅲ-V lasers on silicon using transfer printing of epitaxial layers. Nature Photonics，2012，6（9）：612-616

[9] O'Callaghan R J，Roycroft B，Robert C，et al. Transfer printing of AlGaInAs/InP etched facet lasers to Si substrates. IEEE Photonics Journal，2016，8（6）：1504810

[10] Stamatiadis C，Stampoulidis L，Vyrsokinos K，et al. The ICT-BOOM project：Photonic routing on a silicon-on-insulator hybrid platform. 15 th International Conference on Optical Network Design and Modeling，2011，Bologna，Italy

[11] Konljenovic T，Davenport M，Hulme J，et al. Heterogeneous silicon photonic integrated circuits. Journal of Lightwave Technology，2016，34（1）：20-35

[12] Theurer M，Moehrle M，Sigmund A，et al. Flip-chip integration of InP to SiN photonic

integrated circuits. Journal of Lightwave Technology, 2020, 38（9）: 2630-2636

［13］Kreissl J, Bornholdt C, Gaertner T, et al. Flip-chip compatible electroabsorption modulator for up to 40 Gb/s, integrated with 1. 55 μm DFB laser and spot-size expander. IEEE Journal of Quantum Electronics, 2011, 47（7）: 1036-1042

［14］Stampoulidis L, Vyrsokinos K, Vogit K, et al. The european BOOM project: Silicon photonics for high-capacity optical packet routers. IEEE Journal of Selected Topics in Quantum Electronics, 2010, 16（5）: 1422-1433

［15］Heck M J R, Chen H W, Fang A W, et al. Hybrid silicon photonics for optical interconnects. IEEE Journal of Selected Topics in Quantum Electronics, 2011, 17（2）: 333-346

［16］Boeuf F, Cremer S, Temporiti E, et al. Silicon photonics R&D and manufacturing on 300-mm wafer platform. Journal of Lightwave Technology, 2016, 34（2）: 286-295

［17］Zimmermann L, Preve G B, Tekin T, et al. Packaging and assembly for integrated photonics—A review of the ePIXpack, photonics packaging platform. IEEE Journal of Selected Topics in Quantum Electronics, 2011, 17（3）: 645-651

［18］Su Y K, Zhang Y, Qiu C Y, et al. Silicon photonic platform for passive waveguide devices: Materials, fabrication, and applications. Advanced Materials Technologies, 2020, 5（8）: 1901153

［19］Siew S Y, Li B, Gao F, et al. Review of silicon photonics technology and platform development. Journal of Lightwave Technology, 2021, 39（13）: 4374-4389

［20］Soerf R. The past, present, and future of silicon photonics. IEEE Journal of Selected Topics in Quantum Electronics, 2006, 12（6）: 1678-1687

［21］Jalali B, Fathpour S. Silicon photonics. Journal of Lightwave Technology, 2006, 24（12）: 4600-4615

［22］Sakai A S A, Hara G H G, Baba T B T. Propagation characteristics of ultrahigh-Δ optical waveguide on silicon-on-insulator substrate. Japanese Journal of Applied Physics, 2001, 40（4B）: L383-L385

［23］Orcutt J S, Moss B, Sun C, et al. Open foundry platform for high-performance electronic-photonic integration. Optics Express, 20（11）: 12222-12232

［24］Giewont K, Nummy K, Anderson F A, et al. 300-mm monolithic silicon photonics foundry technology. IEEE Journal of Selected Topics in Quantum Electronics, 2019, 25（5）: 8200611

案例 2.3　磷化铟光子集成

目前光通信器件主要采用基于磷化铟（InP）的材料，如激光器、光调制器、光探测器及其模块等。如果说微电子的起点是晶体管的发明，那么半导体激光器的发明则是光子集成的起点，不过光子集成的发展没有微电子集成发展那样顺利，直到现在也还没有建立完整的集成技术路线，尽管混合/异构集成等硅光技术已经被提出，但仍然有许多技术难题需要攻克。

InP 是直接带隙材料，具有良好的线性电光效应，可实现更快的电光调制、更高的开关速度，同时可实现在线光放大以补偿光传输损耗。从理论上来说，在 InP 材料衬底上通过一定的方式改变量子阱的能带结构就能实现具有不同功能的光电子器件的集成，是目前唯一可实现单片集成的材料，而实际上 InP 光子集成发展相对较慢，直到现在产业链才初步建立起来，开始出现了各类集成类型的器件，能耗低、体积小、稳定性高，包括马赫-曾德尔干涉仪（MZI）、微环谐振器（MRR）、基于阵列波导光栅（AWG）和光放大器（SOA）、波长路由开关、脉冲激光或频率调制激光器、光学相控阵（OPA）、多模干涉光耦合器（MMI-coupler）、多模干涉滤波器（MMI-filter）、延时线（Delay Line）、F-P 激光器（Fabry-Perot Laser）、分布布拉格反射激光器（Tunable DBR Laser）、多波长激光器（Multi-wavelength Laser）、皮秒脉冲激光器（Picosecond Pulse Laser）、环形激光器（Ring Laser）、波分复用光交叉连接器（WDM Cross Connect）、光分插复用（WDM Add-drop）等。

本案例主要介绍 InP 光子集成技术的发展，InP 光子集成 PDK 及工艺平台发展情况，现有 InP 光子集成技术能力和水平，然后介绍 InP 光子集成的关键工艺，最后介绍 InP 材料与其他材料体系的混合/异构集成技术。

2.3.1 InP 材料及其光子集成

InP 是重要的 III-V 族化合物半导体材料之一，是继硅（Si）、砷化镓（GaAs）之后的新一代微电子、光电子功能材料，属于直接带隙半导体，具有中心非对称的晶体结构，有良好的一次电光效应（表 2.3.1）、声光效应、带填充效应、电吸收效应、压电效应等，同时因其电子迁移率高、禁带宽度大等特点，被广泛应用于微波及光电器件领域。

表 2.3.1 InP 材料电光特性

光波波长 λ/μm	折射率	一次电光系数 ν_{41}/（pm·V^{-1}）
1.06	3.29	-1.32
1.21	3.23	-1.49
1.31	3.20	-1.53
1.50	3.17	-1.63

20 世纪 60 年代，基于砷化镓（GaAs）材料的连续波激光器的研制成功，同为Ⅲ-Ⅴ族的 InP 材料激光器也渐渐被开发并趋向成熟。1973 年加州理工学院的 Yariv 和 Somekh 提出在同一半导体衬底上同时集成光子学器件和电子学器件的构想。20 世纪 80 年代中期，研究人员尝试把异质结双极晶体管（HBT）和场效应管（FET）类的电学器件与激光器（LD）和光探测器（PD）集成在一起，由此开启了由分立光电器件向集成器件发展的重大转变，光电集成器件的概念也就此诞生，称为光电集成电路（OEIC）；到 80 年代末，三段式可调分布式布拉格反射式（DBR）激光器和集成电吸收调制器（EAM）的分布反馈（DFB）激光器（简称为 EML）研制成功。之后，可调谐激光器的结构有进一步复杂化的趋势，出现了四段式、五段式的集成 EAM 和半导体光放大器（SOA）的集成半导体光芯片，至此 InP 光子集成制造工艺和技术已相对较成熟。

早期基于 InP 材料的 OEIC，主要是把光探测器和前置放大器集成在一起，构成 OEIC 光接收器件。用于前置放大器的晶体主要有传统 FET（JFET、MESFET 和 MOSFET）、高电子迁移率晶体管（HEMT）和异质结双极晶体管（HBT）。采用传统 FET 的单片 OEIC 光接收器件，带宽小，速率限制在 2.5Gb/s 以下；HEMT 和 HBT 具有很好的高速特性，HEMT 的截止频率可达 450 GHz，HBT 的截止频率可达 710 GHz。电学器件多为表面型器件，而光器件都是体型器件，光学器件和电学器件制造工艺和器件结构难以统一化设计，基于 InP 材料的 OEIC 尽管也提出了一些诸如堆贴层（Stacked Layer）集成结构和共享层（Share Layer）集成结构，但制造工艺复杂，且性能也难以保证，远不及硅电学器件。多种因素的叠加，导致基于 InP 材料的 OEIC 发展得相对较慢，不过 InP 在光和电各自领域发展得都很好，在光集成领域，可实现光探测器与波分复用器件（WDM）集成在一起构成高速光接收组件（图 2.3.1（a）），可实现半导体激光器与波分复用器件集成在一起构成高速光发射组件（图 2.3.1（b））等；在电集成领域，InP 材料在微波、超高速集成电路方面有很好的应用，用于低噪声放大器（LNA）、功率放大器（PA）、压控振荡器（VCO）以及肖特基二极管、太赫兹检波器等。

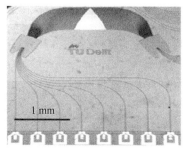
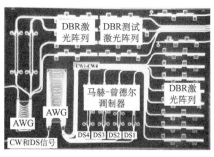

(a) 基于InP的高速接收组件　　　　(b) 基于InP的高速发射组件

图 2.3.1　基于 InP 的高速光子集成组件

随着硅光混合/异构集成技术的提出，InP 光子集成/电子集成技术开始快速发展起来，在激光雷达、光纤传感、气体传感、微波光子等方面开始有广泛的应用，图 2.3.2 是欧盟 JePPIX（Joint European Platform for InP-based Photonic Integrated Components and Circuits）平台近年来代工的 InP 光子集成/电子集成器件。2006 年加利福尼亚大学圣巴巴拉分校和 Intel 共同推出世界上第一个基于 CMOS 工艺的混合集成硅激光器，该器件结合了 InP 材料的发光特性，在硅材料上制作出混合材料的 InP 激光器，如图 2.3.3 所示。

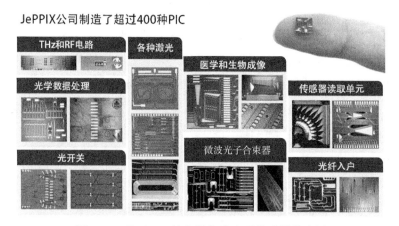

图 2.3.2　基于 InP 的光子集成/电子集成器件应用

图 2.3.3　混合集成硅激光器

2.3.2　制造工艺平台及 PDK

基于 InP 材料的激光器、光探测器、光调制器等器件的设计与制造已趋向成熟，且其集成类型的器件设计与制造也相对较成熟，如集成电吸收调制器的分布反馈激光器（EML）、集成光发射组件、集成光接收组件等，商业公司如 Infinera、Ⅱ-Ⅵ等都有自己专用的 InP 制造工艺平台，很少由科研机构代工。欧盟在 2006 年依托埃因霍芬理工大学光子集成研究中心（TU/e Institute for Photonic Integration，曾用名 COBRA Research Institute）构建 JePPIX 平台，该平台是欧盟 FP6 卓越网络 ePIXnet 下的一个面向 InP 光子开发的技术平台，涵盖光子集成开发和制造全链条，包括芯片制造、光子集成设计工具、测试和封装等。JePPIX 目前已商业化运作，在过去的 10 多年内，为全球科研机构和企业进行了超过 40 次的多项目晶圆（Multi-project Wafer，MPW）代工。JePPIX 平台下包括 Smart Photonics（荷兰公司）、HHI（德国弗劳恩霍夫协会海因里希-赫兹电信研究所）和 LioniX（荷兰公司，氮化硅工艺平台），三者工艺平台互补，通过 MOSIS 或 Europractice 组织为客户提供代工服务。JePPIX 生态系统如图 2.3.4 所示，包括半导体器件物理原理计算、光子器件设计、回路验证、制造、测试和封装等，共同构成 InP 光子集成生态系统。

图 2.3.4　JePPIX 生态系统

JePPIX 可提供标准的 InP 材料光子集成 PDK，包括基本器件（Basic Building Blocks，BBB）、集成组件（Composite Building Blocks，CBB）、其他（Miscellaneous）三类，表 2.3.2 为 JePPIX 下面 Smart 和 HHI 两家公司商用 PDK 包含的 InP 材料器件，典型器件性能如表 2.3.3 所示，可知 InP 材料的光波导传输损耗为 2 dB/cm，相对硅材料光波导来说要大很多，硅材料光波导的传输为

0.1 dB/cm；光探测器 3 dB 带宽大于 35 GHz，暗电流小于 25 nA；激光器输出功率可达 10 mW，可实现在线隔离。

表 2.3.2　JePPIX 提供的 PDK 所包含的器件

	智能 PDK	HHI PDK	Lionix PDK
BBB	具有 2 个折射率对比度的波导	具有 3 个折射率对比度的波导	直线、弧形、弯锥形
	直线、弧形、弯锥形	直线、弧形、弯锥形	模斑转换器
BBB	光电探测器	模斑转换器	相位调制器
	RF 光电探测器	波导转换器	Y 型分路器
	半导体光放大器	MMI 耦合器	定向耦合器
	波模滤波器	光电探测器变体	
	DBR 光栅	偏振分量	
	电吸附部分	热光相位调制器	
	MMI 反射镜	电流注入相位调制器	
	MMI 耦合器	半导体光放大器	
	波导转换器	DFB 激光	
	电光相位调制器	AWG	
	AWG		
CBB	电吸收调制器	电吸收调制器	马赫-曾德尔干涉仪
	DC 垫	DC 垫	DC 垫
Misc	RF 垫	RF 垫	
	RFW CP 轨道	RFW CP 轨道	
	分支波导	波导-金属分支	
	电绝缘	电绝缘	
		阻抗匹配 RC	

表 2.3.3　Smart 和 HHI 的 InP 材料器件性能

组件	目标规范	Fraunhofer HHI	Smart 光电
激光和放大器			
SOA	增益	92 cm^{-1}@7000A/cm^2	70 cm^{-1}@9000A/cm^2
	饱和输出功率	>3 dBm	13 dBm
DBR 光栅	调谐范围	4 nm	*